羊蹄甲属

物资源培育与利用

魏丹 等◎著

中国林业出版社
China Forestry Publishing House

图书在版编目（CIP）数据

羊蹄甲属植物资源培育与利用 / 魏丹等著 . —北京：中国林业出版社，2021.3

ISBN 978-7-5219-1047-6

Ⅰ . ①羊… Ⅱ . ①魏… Ⅲ . ①木本植物—观赏植物—研究 Ⅳ . ① S68

中国版本图书馆 CIP 数据核字（2021）第 034433 号

中国林业出版社 · 林业分社

责任编辑：于晓文　于界芬　　　　**电话：**（010）83143542　83143549

出版发行：中国林业出版社（100009　北京西城区德内大街刘海胡同 7 号）

网　　站：http://www.forestry.gov.cn/lycb.html

印　　刷：北京博海升彩色印刷有限公司

版　　次：2021 年 12 月第 1 版

印　　次：2021 年 12 月第 1 次

开　　本：787mm × 1092mm　1/16

印　　张：9.25

字　　数：217 千字

定　　价：90.00 元

序 一

观赏植物种质资源是花卉产业持续发展的物质基础，是培育园林植物新品种的重要材料来源，是城市生物多样性和景观多样性的重要组成部分。羊蹄甲属包括乔木、灌木和木质藤本，叶形优美，开花量大，具备优良的园艺价值，具有优质的开发前景。传统上，该属植物的部分种类是我国南方常见的园林观赏植物。

羊蹄甲属植物在世界热带亚热带地区，包括我国南方部分省份，如云南、海南、广东、广西等广泛分布。但长期以来，除了羊蹄甲、红花羊蹄甲、洋紫荆、白花洋紫荆作为行道树或风景林在广泛应用，黄花羊蹄甲、橙红花羊蹄甲、首冠藤等灌木和藤本有少量应用以外，该属植物的多数种类，包括我国分布的40余种乡土种类的野生资源尚待深入开发利用。除园艺价值外，其药用、食用等价值的开发利用研究尤其欠缺。

该书是作者近10年研究的总结，将基础理论和应用技术相结合，系统开展了羊蹄甲属园林观赏植物种质资源的调查、收集、选育、养护等基础工作，并对植物文化和园林应用进行了挖掘和案例分析。全书内容全面、特色鲜明、图片精美，是国内羊蹄甲属植物园艺学研究的第一本著作。

该书作为专业书，为羊蹄甲属植物资源的保护与利用提供了基础调查资料，为该属野生资源的引种驯化和扩繁工作提供了技术参考，为该属植物的园林应用提供了配置方法和实例借鉴。作为科普书，能够让读者对南方地区丰富的羊蹄甲属植物资源及其优良的园艺价值、深厚的植物文化底蕴有初步的了解。希望在不久的将来看到更多豆科观赏植物，尤其是羊蹄甲属植物应用于城市森林生活空间的营造。希望作者在植物资源的保护与利用，尤其是豆科园艺植物资源的保护利用方面再接再厉，为我国丰富的豆科植物资源的保护和合理开发利用作出更大贡献。

张奠湘

2021 年 2 月于广州

张奠湘，中国科学院华南植物园研究员、博士生导师。

序二

自古以来，园林作为承载天人合一思想的境域，体现着中国人对美好人居环境的向往。随着社会与时代的发展，园林从花木繁盛、流水缠绕、亭台掩映的院墙内，延伸至城市以及更加广阔的环境空间。园林也发展成为合理运用自然因素、社会因素来创建优美的、生态平衡的生活境域的学科，致力于保护和合理利用自然资源，创造生态健全、景观优美的人类生活空间。植物是园林的灵魂要素，也是园林的根基，正是植物的春华秋实，营造出园林的生命之境。

园林植物的多样性塑造了城市景观的多样性。不同的植物，其形态、色彩、季相、文化内涵异彩纷呈，满足城市不同的生境条件，满足人们不同的审美需求，塑造了城市特色，彰显了地域文化。羊蹄甲属植物在我国南部和西南地区原产，是岭南园林的特色植物，是岭南著名的乡愁植物，有200多年的种植历史，几乎全年有花，冬春季节最盛，具有较高的观赏价值、良好的区域景观代表性和深厚的生态文化底蕴。

本书的编者是我的学生，毕业后一直从事园林植物选育工作，经过多年积累，编写完成本书。书中收集了丰富的羊蹄甲属园林植物种类，总结了常见的园林造景手法，展示了其在传统园林和现代园林中的应用案例。编撰人员严谨的治学态度、良好的专业知识和丰富的实践经验，以及对本属植物的热爱，是本书科学性和实用性的切实保证。

本书图片精美，文字简练，既可作为华南地区园林工作者的专业用书，又可作为植物爱好者的科普读物。希望本书的出版对岭南园林植物的科学开发利用，起到良好的借鉴和促进作用。

2021年2月于长沙

沈守云，中南林业科技大学风景园林学院教授、博士生导师。

前言

本书采用Wunderlin（1987）系统，按照广义的羊蹄甲属植物分类，该属植物约有380种，遍布于世界热带地区。据最新统计，我国有48种，主要分布于南部和西南部。

羊蹄甲属植物在我国南方也被统称为“紫荆”，栽培种植历史悠久，象征祖国统一、家庭和美等吉祥寓意，被誉为“南国乡愁”。尤其是洋紫荆、白花洋紫荆、红花羊蹄甲和羊蹄甲作为优良的行道树和风景林树种，广泛应用于广东、广西、福建和海南等地的城乡绿化中，因花期美丽壮观，是冬、春季节重要的赏花树种，逐渐形成了“紫荆花节”等赏花文化。

本书是国内首部以羊蹄甲属为介绍主体的植物科普书籍，共分为8个章节，从绪论、植物介绍、植物选育、栽培管护、有害生物防治、植物文化、园林应用、开发利用与展望等方面着手，结合大量应用案例图片，力求系统、全面地介绍羊蹄甲属植物，展示羊蹄甲属植物景观的丰富美丽和植物文化的深厚源远。

在本书的编著过程中，丁晓纲、唐洪辉、张耕、黄华毅、王洋、何超银、曲仡、张继方、一帆、陈美思、李坤阳等参与了本书的编写工作；张继方、一帆、梁永棠、张怡发、杨中强、黄培森、马青、吴福川、郭素芬、朱仁斌和李长洪等老师提供了专业的图片。

由于本属植物的历史记载和科学研究资料较少，收集整理过程中难免有疏漏和不足，敬请读者批评指正。

著　者

2021年2月

目　录

第1章 绪 论

1.1 命名与分类

按照哈钦松（J. Hutchinson）被子植物分类系统，羊蹄甲属（*Bauhinia*）隶属于被子植物门（Angiospermae）双子叶植物纲（Dicotyledoneae）豆目（Fabales）苏木科（Caesalpiniaceae）。

1.1.1 命名由来

16 世纪的瑞士博物学家波安（Bauhin）兄弟对植物学作出了杰出贡献，瑞典“植物学之父”林奈以其姓氏作为羊蹄甲属的学名，羊蹄甲属的两裂叶象征着这两位毕生热爱植物和大自然的科学家。我国广东地区因本属植物叶形如羊蹄，民间常统称为羊蹄甲。1937 年陈嵘先生编写《中国树木分类学》时，将本属中文名命名为“羊蹄甲属”。

1.1.2 分类变化

近年来，随着植物学研究的不断深入，羊蹄甲属的分类有广义和狭义两种分类方法（LPWG, 2017；Sinou et al.，2020）。广义的羊蹄甲属（*Bauhinia s.l.*）约 380 种，是紫荆亚科 (Cercidoideae) 中的最大类群。广义羊蹄甲属分为两个大的分支，即 *Bauhinia* 分支和 *Phanera* 分支（Sinou et al.，2020）。*Bauhinia* 分支由狭义羊蹄甲属（*Bauhinia s.str.*）、帽柱豆属（*Piliostigma*）和扁竹豆属（*Brenierea*）组成；*Phanera* 分支由狭义火索藤属（*Phanera s.str.*）、首冠藤属（*Cheniella*）、龙须藤属（*Lasiobema*）、长管豆属（*Gigasiphon*）、异柱豆属（*Tylosema*）、丁香豆属（*Barklya*）、蝶叶豆属（*Lysiphyllum*）和 *Schnella* 组成，尽管分支内部这些属间的关系还有待解决（Sinou et al.，2020）。广义羊蹄甲属（*Bauhinia s. l.*）拆分后的国产类群包括龙须藤属（*Lasiobema*）、火索藤属（*Phanera*）、首冠藤属（*Cheniella*）和狭义羊蹄甲属（*Bauhinia s.str.*）。其中，狭义羊蹄甲属包含《中国植物志》（简称 FRPS）中羊蹄甲亚属（*Bauhinia* subg. *Bauhinia*）的所有种；龙须藤属包含 FRPS 中厚盘亚属（*Bauhinia* subg. *Lasiobema*）的所有种；FRPS 中的显托亚属（*Bauhinia* subg. *Phanera*）中的黔南羊蹄

甲（*B. quinanensis*）、卵叶羊蹄甲（*B. ovatifolia*）、孪叶羊蹄甲（*B. didyma*）、囊托羊蹄甲（*B. touranensis*）、大苗山羊蹄甲（*B. damiaoshanensis*）、粉叶羊蹄甲（*B. glauca*）、薄叶羊蹄甲（*B. glauca* subsp. *tenuiflora*）、首冠藤（*B. corymbosa*）以及后被作为新记录发表的中越羊蹄甲（*B. clemensiorum*）和耐看羊蹄甲（*B. lakhonensis*）分别被归入首冠藤属，其中薄叶羊蹄甲被提升为种级，即薄叶首冠藤（*Cheniella tenuiflora*），剩余种归入火索藤属。

为与我国目前常用的分类方法一致，并便于生产应用，本书采用的是广义羊蹄甲属分类的概念。

1.2 特征与起源

1.2.1 形态特征

乔木，灌木或木质攀缘藤本。托叶常早落；单叶，全缘，先端凹缺或分裂为 2 裂片，有时深裂达基部而成 2 片离生的小叶；基出脉 3 至多条，中脉常伸出于 2 裂片间形成一小芒尖。花两性，很少为单性，组成总状花序、伞房花序或圆锥花序；苞片和小苞片通常早落；花托短陀螺状或延长为圆筒状；萼杯状、佛焰状或于开花时分裂为 5 萼片；花瓣 5 片，略不等，常具瓣柄；能育雄蕊 10 枚、5 枚或 3 枚，有时 2 枚或 1 枚，花药背着，纵裂，很少孔裂；退化雄蕊（或称不育雄蕊）数枚，花药较小，无花粉；假雄蕊先端渐尖，无花药，有时基部合生如掌状；花盘扁平或肉质而肿胀，有时缺；子房通常具柄，有胚珠 2 至多颗，花柱细长丝状或短而粗，柱头顶生，头状或盾状。荚果长圆形、带状或线形，通常扁平，开裂，稀不裂；种子圆形或卵形，扁平，有或无胚乳，胚根直或近于直。

1.2.2 生态习性

羊蹄甲属植物多为热带木本植物，大部分喜光，生长快速、适应能力强、耐高温、耐酸性土壤、耐土壤瘠薄，但耐寒性差、不耐水湿、抗风能力差。在土层深厚肥沃且排水良好的砂质土壤能够快速生长，忌黏土。春夏季喜光照，宜水分充足，湿度大；秋冬季宜稍干燥。宜种植在热带、亚热带光线充足、平缓、排水良好的肥沃砂质坡地，受台风影响地区应选择背风面种植。

1.2.3 植物起源

植物化石是探讨植物起源及演化的重要证据。广西宁明盆地渐新世地层（宁明组，距今 28.4~37.3 Ma，Ma：地层学单位，百万年）的 *B. larsenii* 是我国发现的第一个羊蹄甲属植物化石（Chen et al.，2015）。此后，Wang 等（2014）又在该地层报道了 2 个羊蹄甲属植物化石，分别是 *B. ningmingensis* 和 *B. cheniae*。Meng 等（2014）报道了云南文山中新世植物群（距今

5.3~11.6 Ma）的 *B. wenshanensis*（图 1-1）。

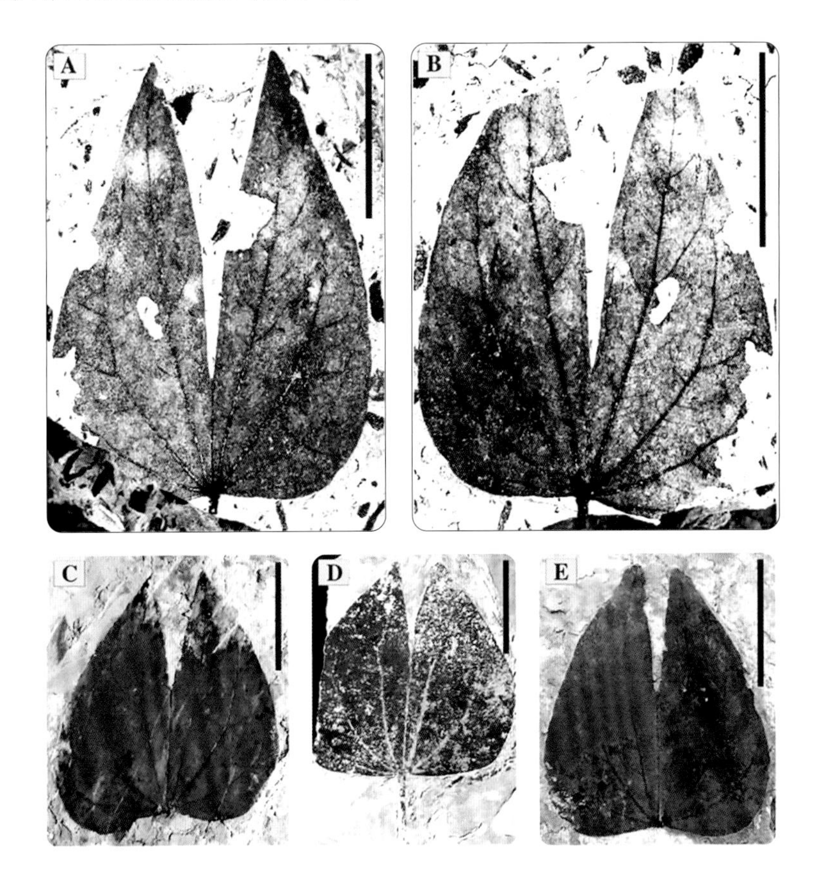

图 1-1 云南文山晚中新世的羊蹄甲属叶化石（Meng et al.，2014）

羊蹄甲属的起源以及迁徙路线目前研究结果尚存争议：① Wang 等（2014）认为羊蹄甲属第一次出现在始新世—渐新世的中低海拔区域，由此暗示了可能是古特提斯海起源，推测我国华南热带地区可能是本属早期的一个分布中心；② Meng 等（2014）结合化石和分子的证据，推测羊蹄甲属起源于古新世中期（ca. 62.7 Ma）的亚洲，暗示了该类群可能起源于古地中海岸或是以走出热带亚洲（out of tropical Asia）的模式进行扩散，即：古新世扩散于北极热带植物区，PETM（古新世—始新世极热期）后气候变冷，通过北大西洋路桥到达美洲，形成了今天的典型的泛热带洲际间断分布；③ Lin 等（2015）利用化石以及现存物种结合分子系统学研究表明，羊蹄甲属可能起源于古近纪的古特提斯海东部的低纬度地带，它们向南扩散至非洲，然后在中新世时经过巴拿马海峡扩散至南美，然后在新第三纪气候变冷时在北热带的中高海拔地区经历了区域性灭绝，从而形成了现在的分布局面。

1.3 地理分布

广义的羊蹄甲属植物约有380种（LPWG，2017），遍布于世界热带地区。据最新统计，我国有48（Tie yao Tu，2013），主要分布于南部和西南部。

1.3.1 水平分布

根据我国各地植物志的记载，以及各大标本馆对羊蹄甲属植物标本的记录，结合野外实地调查发现，羊蹄甲属植物资源在我国主要分布于南部和西南部。从种的分布来看，具有相对集中的特点，主要分布在海南、广东、广西、福建、湖南、湖北、云南、贵州和四川等省份。其中，鞍叶羊蹄甲（*B. brachycarpa*）和粉叶羊蹄甲（*B. glauca*）在甘肃省和陕西省也有分布。粉叶羊蹄甲的亚种——鄂羊蹄甲（*B. glauca* subsp. *hupehana*）在湖北省有分布。

1.3.2 垂直分布

羊蹄甲属植物在我国的垂直分布差异较大，海拔5~2750 m均有分布。其中，鞍叶羊蹄甲是目前羊蹄甲属植物中分布海拔高度最高的物种，可达2750 m；龙须藤（*B. championii*）、粉叶羊蹄甲、薄荚羊蹄甲（*B. delavayi*）和丽江羊蹄甲（*B. bohniana*）也有分布在较高海拔（1500~2000 m）的山林间。大多数羊蹄甲属植物垂直分布范围较宽，从低海拔到高海拔均有分布，但主要集中分布于中海拔区域。

1.4 研究现状

1.4.1 系统学研究

我国对羊蹄甲属植物的分类研究起步较晚，陈德昭（1988）首次在《中国植物志（第39卷）》记载了分布于我国的羊蹄甲属植物有40种4亚种11变种，包括长柄羊蹄甲（*B. longistipes*）、滇南羊蹄甲（*B. hypoglauca*）、凌云羊蹄甲（*B. lingyuenensis*）等11个新种与新变种。随后，张奠湘等（1994）对羊蹄甲属厚盘组开展了分子系统学研究，陆续报道了羊蹄甲属植物在我国的若干新分布记录，包括新分布于广西的中越羊蹄甲（*B. clemensiorum*）、耐看羊蹄甲（*B. lakhonensis*）、蟹钳叶羊蹄甲（*B. carcinophylla*）（原产越南）和新分布于云南的圆叶羊蹄甲（*B. wallichii*）（张奠湘等，2006）等。

大部分学者采用ISSR-PCR分子标记技术或者SRAP分子标记技术对羊蹄甲属植物进行遗传多样性和遗传分化研究（何妙坤等，2019；汪航，2016；罗喻萍等，2006）。其中，陈伟峰（2009）通过聚类分析发现红花羊蹄甲（*B. blakeana*）、羊蹄甲（*B. purpurea*）和洋紫荆（*B. variegata*）之间具有密切的亲缘关系；鄂羊蹄甲和嘉氏羊蹄甲（*B. galpinii*）之间的亲缘关系较近。学者对羊蹄甲属的亲缘关系研究为日后的杂交育种提供了重要的理论基础。

1.4.2 生态学研究

羊蹄甲属植物具有较强的生态功能。有学者对羊蹄甲抗污染能力的研究表明，洋紫荆抗 SO_2 和 NO_2 能力较弱（潘文等，2012a），而羊蹄甲抗 SO_2 和 NO_2 能力更强（潘文等，2012b）。秦吉中等（2013）在室外自然条件下，通过测定包括羊蹄甲在内 6 种城市中常见的植物的叶面积指数和光合与呼吸速率等指标，计算其释氧固碳和降温增湿量，结果表明，不同植物的生态学效应存在差异，降温增湿和释氧固碳能力均以羊蹄甲最强。

1.4.3 药用研究

羊蹄甲属植物的药用保健功效明显，可用于开发药品和保健品。羊蹄甲属植物含多种药用功效成分，具有补肝肾、益肺阴、散瘀消肿、收敛固涩、解毒除湿的作用，主治咳嗽、吐血、便血、遗尿、尿频、痢疾、湿疹、疮疖肿痛、腹泻等（赵燕燕等，2004）。非洲、南美洲等地区将羊蹄甲属植物作为一种民间用药，广泛用于治疗风湿病和糖尿病等疾病（Erhabor et al.，2020）。研究表明，羊蹄甲属植物主要含有黄酮类、酚酸类、甾醇类以及少量的芪类、生物碱类化合物（尚小雅等，2008；赵燕燕等，2004）。洋紫荆的根主治消化不良，花有缓泻作用，树皮的次生代谢产物能够治疗阿尔茨海默症（Khare et al.，2020）。小叶羊蹄甲（*B. rufescens*）具有抗糖尿病和抗氧化的功效，是苏丹民俗医学中用于治疗糖尿病的植物（Valois et al.，2020）。显脉羊蹄甲（*B. glauca* subsp. *tenuiflora*）的乙醇提取物对 2 型糖尿病小鼠具有降低血糖、尿糖作用，且有显著的促胰岛 β 细胞增殖以及抑制 PTP1B 活性的作用（吴增宝等，2009；赵巧丽等，2011）。

1.4.4 引种与选育研究

多年来，我国园林工作者对羊蹄甲属植物开展了系统的引种工作，如中国科学院西双版纳热带植物园、中国科学院华南植物园、广东省林业科学研究院等通过引进国内外优良观赏羊蹄甲属植物，并对其适应性进行研究，从而筛选出适合当地种植的羊蹄甲属植物资源，丰富了羊蹄甲属植物的园林应用种类。吴福川通过多年的观测与选育，于 2018 年培育出遗传稳定的多倍体和多瓣羊蹄甲新种质，羊蹄甲花瓣数由原来 5 瓣突变成 6~9 个花瓣，且整体花期得以延长，整株观赏价值高。李许文等（2018）对华南苏木科植物的观赏性进行了综合评价，其中羊蹄甲属的黄花羊蹄甲（*B. tomentosa*）、首冠藤（*B. corymbosa*）、粉叶羊蹄甲、卵叶羊蹄甲（*B. ovatifolia*）等属于综合评价 I 级，相对于其他同属植物具有较高的观赏性、生态适应性和开发应用潜力，在引种栽培中表现出较好的抗逆性和安全性。魏丹等（2016）对广州市 5 个行政区域的洋紫荆进行调查评价，并运用层次分析法进行优中选优，分析选出‘YST 01’等 8 个优良单株。王裕霞等（2016）通过 MTT 比色法和离体萌发法对红花羊蹄甲等 5 个羊蹄甲属树种花粉生活力进行测定，尝试解决羊蹄甲属品种花期不育导致的种间杂交问题。林云等（2020）对9种羊蹄甲属植物的引种适应性进行了研究，发现嘉氏羊蹄甲等5种羊蹄甲属植物适应能力强。

1.4.5 园林应用研究

羊蹄甲属植物因其花色艳丽、叶片形态奇特成为观赏价值较高的景观树种，广泛应用于城市生态景观建设中。羊蹄甲属植物大部分为藤本植物，如海南羊蹄甲（*B. hainanensis*）、首冠藤、红毛羊蹄甲（*B. pyrrhoclada*）等，适用于大型棚架、绿廊、墙垣等攀缘绿化，可作陡坡、岩壁等垂直绿化，也可修整成不同形状的景观灌木或用于隐蔽掩体绿化，还可用于高速公路护坡绿化，形成独特的景观。因其生命力顽强，能盘树缠绕、攀石穿缝，也可在园林中用于山岩、叠石、林间配置，颇具自然野趣（陈斌，2016）。白花羊蹄甲（*B. acuminata*）等小乔木可用于庭园特色景观营造，可与园林景观石、园林小品搭配，起到画龙点睛的作用（陈勇等，2016）。目前，园林绿化常用的羊蹄甲属植物主要有羊蹄甲、洋紫荆、白花洋紫荆（*B. variegata* var. *candida*）、红花羊蹄甲、黄花羊蹄甲、嘉氏羊蹄甲（*B. galpinii* N. E. Br.）、首冠藤、龙须藤等，其中以乔木类观花型的羊蹄甲、洋紫荆、白花洋紫荆和红花羊蹄甲应用最为广泛。

1.4.6 其他研究

邹璞等（2003）对11种我国特有的羊蹄甲属植物的花粉形态进行了研究。结果表明，花粉萌发孔类型均为三孔沟，少数还有合沟；花粉均具半覆盖层，表面纹饰有皱波状、皱波状—穿孔、疣状、孔穴—穿孔、穿孔—网状。随后，邹璞等（2008）利用光镜和扫描电镜对羊蹄甲属21种（含1亚种2变种）植物的种子进行观察，大部分羊蹄甲属植物的种子表面纹饰为皱波状，种子颜色、形状和外种皮纹饰多样，还发现种脐位置、假种皮裂片、拟透镜状突起和种皮表面纹饰有一定的相关性。

除此之外，目前的研究还涉及羊蹄甲属植物的起源、培育管护技术和文化内涵等方面。

参考文献

陈斌，2016. 龙须藤栽培及园林应用［J］. 中国花卉园艺（2）: 51.

陈德昭，1988. 中国羊蹄甲属新分类群［J］. 广西植物（1）: 43-51.

陈伟峰，2009. 羊蹄甲属植物杂交及亲本亲缘关系的鉴定［D］. 郑州：河南农业大学.

陈勇，唐昌亮，吴忠锋，等，2016. 洋紫荆资源培育及其应用［J］. 中国城市林业，14（6）:43-46.

何妙坤，韦雪芬，李焜钊，等，2019. 基于SRAP标记的羊蹄甲不同地理群体遗传多样性分析［J］. 分子植物育种，17（6）:2069-2076.

李许文，陈莹，宁阳阳，等，2018. 华南苏木科植物观赏应用综合评价［J］. 林业与环境科学，34（5）:58–64.

魏丹，唐洪辉，赵庆，等，2016. 宫粉羊蹄甲种质资源的综合评价研究［J］. 林业与环境科学，32(05):22–30.

王裕霞，梁梦琳，魏丹，等，2016. 羊蹄甲属5个树种花粉生活力测定［J］. 林业与环境科学，32(05):31–35.

林云，2020. 九种羊蹄甲属植物在柳州市的适应性研究［J］. 南方农业，14（12）: 177–179.

罗瑜萍，龚维，邱英雄，等，2006. 羊蹄甲属3种园艺树种分子鉴定及亲缘关系的ISSR分析［J］. 园艺学报，2:433–436.

潘文，张卫强，张方秋，等，2012 a. SO_2和NO_2胁迫对红花荷等植物光合生理影响及抗性评价［J］. 生态环境学报，6:1075–1081.

潘文，张卫强，张方秋，等，2012. 红花荷等植物对SO_2和NO_2的抗性［J］. 生态环境学报，21(11):1851–1858.

秦吉中，童开林，2013. 6种藤本植物的生态效应比较［J］. 西北林学院学报，28（5）: 63–65.

尚小雅，刘威，赵聪伟，2008. 羊蹄甲属植物化学成分和药理活性的研究进展［J］. 中国中药杂志，33（6）:709–709.

汪航，2016. 三种羊蹄甲SRAP亲缘关系分析及羊蹄甲的辐射诱变育种初探［D］. 广州：华南农业大学.

吴增宝，王邠，赵玉英，等，2009. 显脉羊蹄甲中查耳酮类化合物［J］. 中国中药杂志，（13）:1676–1678.

张奠湘，陈德昭，1994. 羊蹄甲属的系统与生物地理学:1. 厚盘组的分支分析［J］. 广西植物（1）:11–17.

张奠湘，陈德昭，1996. 中国羊蹄甲属植物新分布三种［J］. 热带亚热带植物学报，4（4）: 16–17.

张奠湘，朱光华，2006. 棒花羊蹄甲和薯叶藤的学名订正［J］. 植物分类学报，44（6）: 651–653.

赵巧丽，吴增宝，郑智慧，等，2011. 显脉羊蹄甲中酚酸类成分研究［J］. 药学学报，46（8）: 946–950.

赵燕燕，崔承彬，蔡兵，等，2004. 洋紫荆中化学成分的分离与鉴定［J］. 中国药物化学杂志，14（5）:294–297.

邹璞，张奠湘，廖景平，2003. 羊蹄甲属中国特有种的花粉形态学［J］. 热带亚热带植物学报（3）:249–254+297–298.

Chen Y F, Zhang D X, 2015. Bauhinia larsenii, a fossil legume from Guangxi, China［J］. Botanical Journal of the Linnean Society, 147（4）:437–440.

Erhabor J O, Omokhua A G, Ondua M, et al, 2020. Pharmacological evaluation of hydro−ethanol and hot water leaf extracts of Bauhinia galpinii (Fabaceae): A South African ethnomedicinal plant［J］. South African Journal of Botany, 128.

Khare N, Maheshwari S K, Jha A K, 2020. Screening and identification of secondary metabolites in the bark of Bauhinia variegata to treat Alzheimer's disease by using molecular docking and molecular dynamics simulations［J］. Journal of Biomolecular Structure and Dynamics, 1−11.

Lin Y, Wong W O, Shi G, et al, 2015. Bilobate leaves of Bauhinia（Leguminosae, Caesalpinioideae, Cercideae）from the middle Miocene of Fujian Province, southeastern China and their biogeographic implications［J］. BMC Evolutionary Biology, 15（1）: 1−18.

LPWG［Legume Phylogeny Working Group］, 2017. A new subfamily classification of the Leguminosae based on a taxonomically comprehensive phylogeny［J］. Taxon, 66: 44−77.

Tieyao Tu and Dianxiang Zhang. Bauhinia hekouensis (Leguminosae, Caesalpinioideae), a New Species from Yunnan, China[J]. Novon: A Journal for Botanical Nomenclature, 2013, 22(3) : 332−335.

Meng, H.H, Jacques F, Su T, et al, 2014. New Biogeographic insight into Bauhinia s.l.（Leguminosae）: integration from fossil records and molecular analyses［J］. BMC Evolutionary Biology, 14（1）: 181.

Valois Mayara Vioto,de Oliveira Cleide, Lapa Antonio José, et al, 2020. Bauhinia Protease Inhibitors Attenuate Gastric Ulcer by Blocking Neutrophil Enzymes.［J］. Planta medica.

Wang Q, Song Z, Chen Y, et al, 2014. Leaves and fruits of Bauhinia（Leguminosae, Caesalpinioideae, Cercideae）from the Oligocene Ningming Formation of Guangxi, South China and their biogeographic implications［J］. BMC Evolutionary Biology, 14（1）: 1−17.

第 2 章　羊蹄甲属植物介绍

2.1　形态结构

2.1.1　生活型

羊蹄甲属植物的生活型可分为乔木、灌木和藤本（图 2–1）。其中，乔木类主要有羊蹄甲、洋紫荆、白花洋紫荆、红花羊蹄甲、白花羊蹄甲等；灌木类主要有黄花羊蹄甲、嘉氏羊蹄甲、丽江羊蹄甲等；藤本类主要有孪叶羊蹄甲、首冠藤、龙须藤、元江羊蹄甲（*B. esquirolii*）等。

图 2–1　羊蹄甲属植物生活型

A. 乔木型（洋紫荆）；B. 灌木型（黄花羊蹄甲）；C. 藤本型（孪叶羊蹄甲）

2.1.2 枝 叶

羊蹄甲属植物枝条因柔软程度的不同可分为直立型和垂枝型 2 种，多数为直立型，如红花羊蹄甲、羊蹄甲等；垂枝型的种较少，如鞍叶羊蹄甲、总状花羊蹄甲、阔裂叶羊蹄甲等。羊蹄甲属植物的嫩枝多被柔毛，枝条细长广展，多呈“之”字形弯曲，如粗毛羊蹄甲（*B. hirsuta*）、洋紫荆等。

羊蹄甲属植物叶为单叶互生，全缘，基出脉 3 至多条，中脉常伸出于 2 裂片间形成一小芒尖。叶的形态、大小、开裂程度、颜色以及质地等方面变异较大（图 2–2）。叶形有羊蹄形、心形、卵圆形或近圆形；叶的大小差异较大，如孪叶羊蹄甲（*B. didyma*）的平均叶长仅为 1.2 cm，而海南羊蹄甲的叶长、宽均能达到 20 cm（陈勇等，2017）；叶片先端开裂，但是开裂程度不尽一致，先端浅裂至全裂，如阔裂叶羊蹄甲的嫩叶先端不开裂，呈截形，攀缘羊蹄甲的叶片深裂至基部而成 2 片离生的小叶；叶色从浅绿到墨绿，也有红色和金黄色；叶片的质地包括膜质、纸质以及近革质，如孪叶羊蹄甲的叶为膜质；首冠藤、牛蹄麻等的叶为纸质；海南羊蹄甲、红毛羊蹄甲等的叶近革质。叶背光滑或有茸毛，如孪叶羊蹄甲、首冠藤等叶背无毛；锈荚藤（*B. erythropoda*）、红毛羊蹄甲等叶背有茸毛。

图 2–2 羊蹄甲属常见树种的叶片形态

A. 云南羊蹄甲；B. 阔裂叶羊蹄甲；C. 粉叶羊蹄甲；D. 龙须藤

2.1.3 花

羊蹄甲属植物花期长、花朵繁盛、花色艳丽、花形优美，具有极高的观赏价值。羊蹄甲属植物的花多为两性，很少为单性，常组成总状花序、聚伞花序、伞房花序或伞房式总状花序（图 2–3）。花结构由花梗、苞片、花萼、花瓣、雄蕊和雌蕊等组成。羊蹄甲属不同种类植物的苞片形状和大小不一，常见类型有线性、三角形、锥尖、卵形、披针形等，苞片和小苞片通常早落；花托短陀螺状或延长为圆筒状；萼杯状、佛焰状或于开花时分裂为 5 萼片；花瓣 5 片，略不等，常具瓣柄。

图 2–3 羊蹄甲属植物常见花序类型

A. 聚伞花序（嘉氏羊蹄甲）；B. 总状花序（龙须藤）；C. 伞房花序（牛蹄麻）；D. 伞房式总状花序（首冠藤）

羊蹄甲属植物的花色丰富，主要有白色、粉红色、紫红色、黄色、橙黄色、橙红色、绿色等（图 2–4）。白色有白花羊蹄甲、白花洋紫荆、鞍叶羊蹄甲等；粉红色的有羊蹄甲、洋紫荆等；紫红色的有红花羊蹄甲；淡黄色的有黄花羊蹄甲、总状花羊蹄甲（*B. racemosa*）等；橙黄色的有牛蹄麻（*B. khasiana*）；橙红色的有嘉氏羊蹄甲、嘉兰羊蹄甲（*B. grevei*）等；淡绿色的有囊托羊蹄甲（*B. touranensis*）、绿花羊蹄甲（*B. viridescens*）、阔裂叶羊蹄甲（*B. apertilobata*）等。

能育雄蕊10枚、5枚或3枚，有时2枚或1枚，花药背着，纵裂，很少孔裂；退化雄蕊（或称不育雄蕊）数枚，花药较小，无花粉；假雄蕊先端渐尖，无花药，有时基部合生如掌状；花盘扁平或肉质而肿胀；子房通常具柄，有胚珠2至多颗，花柱细长丝状或短而粗，柱头顶生，头状或盾状。

图2-4 羊蹄甲属植物常见花色

A. 白色（白花洋紫荆）；B. 粉红色（洋紫荆）；C. 紫红色（红花羊蹄甲）；D. 黄色（黄花羊蹄甲）；E. 橙黄色（牛蹄麻）；F. 橙红色（嘉氏羊蹄甲）；G. 绿色（囊托羊蹄甲）

2.1.4 果 实

羊蹄甲属全年有果，果实一般为扁平的荚果，形状因种类而异，主要为线形、带状、卵形、倒披针形、弯镰形等（图 2-5）。也有少数种类“花而不实”，如红花羊蹄甲，虽然满树红花，但起源于杂交种，雌蕊的柱头已经退化，不能授粉育种，主要采用无性繁殖方式进行繁育。羊蹄甲属植物的种子一般为扁平的圆形或近圆形，不同树种种子的数量、大小存在差异。

图 2-5 羊蹄甲属植物常见果荚形态

A. 羊蹄甲；B. 云南羊蹄甲；C. 黄花羊蹄甲；D. 鞍叶羊蹄甲；E. 鄂羊蹄甲

2.2 常见园林植物

羊蹄甲属植物应用广泛，常作为行道树或园景树应用于广东、广西、福建、海南等省份的街道和公园绿化中（杨之彦，2011；刘粹纯，2012）。下面重点介绍园林应用较广泛的 7 种 1 变种。

2.2.1 羊蹄甲

【学名】*Bauhinia purpurea* L., 1753

【别名】玲甲花

【分布】原产于我国南部。中南半岛、斯里兰卡、印度有分布。

【形态特征】常绿乔木或直立灌木，高 7~10 m。叶片硬革质，近圆形，基部浅心形，先端分裂达叶长的 1/3~1/2，裂片先端圆钝或近急尖，两面无毛或下面薄被微柔毛；基出脉 9~11 条；叶柄长 3~4 mm（图 2–6）。总状花序侧生或顶生，少花，有时 2~4 个生于枝顶而成复总状花序；花瓣桃红色，倒披针形；能育雄蕊 3，退化雄蕊 5~6。荚果带状，扁平，略呈弯镰状，成熟时开裂，木质的果瓣扭曲将种子弹出；种子近圆形，扁平，种皮深褐色。花期 9~12 月；果期 11 月至翌年 5 月。

【用途】成熟时间较早，1~2 年生的实生苗即可开花。适合在开阔的平地或平缓的坡地成片种植。另外，羊蹄甲因适应性强，秋冬季开花花形优美，花期较长，常作为行道树和园路树。

图 2–6　羊蹄甲形态特征

2.2.2 洋紫荆

【学名】*Bauhinia variegata* L., 1753

【别名】宫粉紫荆、宫粉羊蹄甲、老白花

【分布】原产于我国南部。印度、中南半岛有分布，世界各地均有栽培。

【形态特征】半落叶乔木；树皮暗褐色，近光滑；幼嫩部分常被灰色短柔毛；枝广展，硬而稍呈“之”字曲折，无毛（图 2–7）。叶近革质，广卵形至近圆形，基部浅至深心形，有时近截形，先端 2 裂达叶长的 1/3，裂片阔，钝头或圆，两面无毛或下面略被灰色短柔毛；基出脉（9）13 条；叶柄长 2.5~3.5 mm，被毛或近无毛。总状花序侧生或顶生，极短缩，多少呈伞房花序式，被灰色短柔毛；总花梗短而粗；苞片和小苞片卵形，极早落；花大，近无梗；花瓣倒卵形或倒披针形，长 4~5 cm，具瓣柄，紫红色或淡红色，杂以黄绿色及暗紫色的斑纹，近轴一片较阔；能育雄蕊 5，退化雄蕊 1~5，荚果带状，扁平，长 15~25 cm，宽 1.5~2 cm，具长柄及喙；种子 10~15 颗，近圆形，扁平，直径约 1 cm。在华南地区花期为 1~4 月，3 月最盛，果期 2~5 月。

图 2–7 洋紫荆形态特征

【用途】洋紫荆的实生苗 1~2 年即可开花。花形美而略有香味，花期长、花量大，春季满树鲜花，花色烂漫如云霞，叶片羊蹄形，为良好的观花赏叶植物，也是一种优质的蜜源植物。除作行道树外，还非常适合成片或带状种植在公园、湖岸或风景林，营造春花烂漫的繁荣景色。

2.2.3 白花洋紫荆

【学名】*Bauhinia variegata* var. *candida* (Roxb.) Voigt, 1822

【别名】老白花、白花羊蹄甲、白花紫荆

【分布】原产于我国南部。印度、中南半岛有分布，世界各地均有栽培。

【形态特征】洋紫荆的变种与洋紫荆的形态特征基本相同，区别在于花瓣颜色为白色，近轴的一片或全部花瓣均杂以淡黄色的斑块；花无退化雄蕊（图 2–8）。

【用途】白花洋紫荆与洋紫荆皆成熟早，1~2 年生的实生苗即可开花。其花瓣皎白清雅，中间一瓣有一抹淡淡的黄色，与白色的花瓣交相辉映。洋紫荆和白花洋紫荆都是广东省内应用频率较高的树种，花期在春天，适合组合配置营造景观。此外，白花洋紫荆也是良好的蜜源植物（陈定如，2006）。

图 2-8　白花洋紫荆形态特征

2.2.4　红花羊蹄甲

【学名】*Bauhinia × blakeana* Dunn, 1908

【别名】红花紫荆、洋紫荆、香港紫荆、香港兰花树

【分布】最早发现于我国香港，现广泛栽培于世界各热带地区。

【形态特征】乔木；分枝多，小枝细长，被毛。叶革质，近圆形或阔心形，基部心形，有时近截平，先端2裂为叶全长的1/4~1/3，裂片顶钝或狭圆，上面无毛，下面疏被短柔毛；基出脉11~13条；叶柄长3.5~4 cm，被褐色短柔毛（图2-9）。总状花序顶生或腋生，有时复合成圆锥花序，被短柔毛；苞片和小苞片三角形，长约3 mm；花大，美丽；花瓣红紫色，具短柄，倒披针形，连柄长5~8 cm，宽2.5~3 cm，近轴的1片中间至基部呈深紫红色；能育雄蕊5枚，退化雄蕊2~5枚，丝状，极细。花期全年，盛花期通常一年2次，分别在夏季和冬季；通常不结果。

图 2-9　红花羊蹄甲形态特征

【用途】美丽的观赏树木，花大，紫红色，盛开时繁花满树，与羊蹄甲和洋紫荆相比，更适合用作庭荫树和孤赏树进行近距离观赏，是优良的行道树和园路树。

2.2.5 黄花羊蹄甲

【学名】*Bauhinia tomentosa* L., 1753

【别名】黄花紫荆

【分布】原产于印度和斯里兰卡，在我国广东也有栽培。

【形态特征】直立灌木，幼嫩部分被锈色柔毛。叶纸质，近圆形，基部圆、截平或浅心形，先端 2 裂达叶长的 2/5，上面无毛，下面被稀疏的短柔毛；基出脉 7~9 条；叶柄纤细，长 1.5~3 cm；托叶锥尖，长约 1 cm，被毛（图 2–10）。花通常 2 朵，有时 1~3 朵组成侧生的花序；总花梗长 1.2~3 cm；苞片和小苞片锥尖，长 4~7 mm，被毛；花瓣淡黄色，上面一片基部中间有深黄色或紫色的斑块，阔倒卵形，长 4~5.5 cm，宽 3~4 cm，无瓣柄，先端圆，无毛，开花时各瓣互相覆叠为一钟形的花冠；能育雄蕊 10。荚果带形，扁平，沿腹缝无棱脊，长 7~15 cm，宽 1.2~1.5 cm；种子近圆形，极扁平，褐色，直径 6~8 mm，花期和果期几乎全年。

【用途】枝条开展，树形飘逸，枝叶清秀，花色淡雅，常用羊蹄甲或洋紫荆作砧木嫁接繁殖，点缀于假山、墙体或水体边缘，亦可修剪成绿篱或灌木球，与其他花灌木配合栽植，景观效果优良，有良好的推广应用前景。

图 2–10 黄花羊蹄甲形态特征

2.2.6 嘉氏羊蹄甲

【学名】*Bauhinia galpinii* N. E. Br., 1891

【别名】橙红花羊蹄甲、南非羊蹄甲、橙花羊蹄甲

【分布】原产于南非地区，我国广东、香港有栽培。

【形态特征】为横向生长的攀缘灌木。叶纸质，基部呈心形，先端二裂占叶长的 1/5~1/2 裂片，顶端钝圆（图 2–11）。聚伞花序伞房状，侧生，花瓣橙红色至砖红色，5 枚，倒匙形，花朵着生于枝端。长形荚果上细下大，长度可以达到 20 cm，成熟时由绿色转变成褐色。花期 5~12 月，盛花期为 7~8 月；果期 6~12 月。

图 2–11　嘉氏羊蹄甲形态特征

【用途】枝条细软平展，花大而火红，花序簇生枝头如火凤凰一般，热烈奔放，花姿花色美妍悦目，是理想的花灌木材料。可在天台等干旱环境下生长，还可培养成中层观赏植物，单株种植于大草坪、小庭院一角、围墙边，既可展示其花果俱赏的个体美，又有单株成片的效果，橙红色的花使其成为主景或焦点景（杨之彦等，2001），常用羊蹄甲作砧木嫁接繁殖，点缀于庭院或其他园景中。

2.2.7　首冠藤

【学名】*Bauhinia corymbosa* Roxb. ex DC., 1825

【别名】深裂叶羊蹄甲、药冠藤

【分布】原产于我国广西、广东和海南。广泛栽培于世界热带、亚热带地区。

【形态特征】木质藤本。叶纸质，近圆形，自先端深裂达叶长的 3/4，裂片先端圆，基部近截平或浅心形；基出脉 7 条。伞房花序式的总状花序顶生于侧枝上，多花；花瓣白色，有粉红色脉纹，阔匙形或近圆形，长 8~11 mm，宽 6~8 mm，外面中部被丝质长柔毛，边缘皱曲，具短瓣柄；能育雄蕊 3 枚，退化雄蕊 2~5 枚。荚果带状长圆形，扁平，直或弯曲；种子十余颗，长圆形，褐色（图 2–12）。花期 4~8 月；果期 7~12 月。

【用途】花色清雅，叶片精巧秀丽，果实红艳可爱，是良好的垂直绿化树种。蜿蜒婆娑的枝叶可以软化遮盖假山和建筑物粗硬的线条，使景致柔和、动感，适合栅栏、墙垣、棚架、道路边坡等绿化，也适合庭院、廊架栽培观赏（刘粹纯等，2012）。

图 2-12　首冠藤形态特征

2.2.8　龙须藤

【学名】*Bauhinia championii* (Benth.) Benth., 1861

【别名】田螺虎树、菊花木

【分布】原产于我国南方。印度、越南和印度尼西亚均有分布。

【形态特征】藤本，有卷须。叶纸质，卵形或心形，先端锐渐尖、圆钝、微凹或 2 裂，裂片长度不一，基部截形、微凹或心形；基出脉 5~7 条。总状花序狭长，腋生，有时与叶对生或数个聚生于枝顶而成复总状花序，花瓣白色，具瓣柄，瓣片匙形，长约 4 mm，外面中部疏被丝毛；能育雄蕊 3 枚。荚果倒卵状长圆形或带状，扁平，种子 2~5 颗，圆形，扁平（图 2-13）。花期 6~10 月；果期 7~12 月。

【用途】适用于大型棚架、绿廊、墙垣等攀缘绿化。可作堡坎、陡坡、岩壁等垂直绿化，也可整形成不同形状的景观灌木或用于隐蔽掩体绿化。还可用于高速公路护坡绿化，形成独特的景观。

图 2-13　龙须藤形态特征

2.3 其他园林植物

2.3.1 白花羊蹄甲

【学名】*Bauhinia acuminata* L., 1753

【别名】矮白花羊蹄甲、木碗树、马蹄豆

【分布】原产于我国云南、广东、广西。印度、斯里兰卡、越南等地也有分布。

【形态特征】小乔木或灌木；花瓣白色，荚果线状倒披针形，扁平（图 2-14）。花期 4~7 月；果期 6~8 月。

【用途】适合种植于草坪、亭廊、山石间。

图 2-14　白花羊蹄甲形态特征

2.3.2 鞍叶羊蹄甲

【学名】*Bauhinia brachycarpa* Wall. ex Benth., 1852

【别名】马鞍叶、夜关门

【分布】原产于我国四川、广西、云南、甘肃、湖北。生于海拔 800~2200 m 的山地草坡和河溪旁灌丛中。

【形态特征】直立或攀缘小灌木，花瓣白色，荚果长圆形，扁平（图 2–15）。花期 5~7 月；果期 8~10 月。

【用途】株形开展，枝叶秀美，开花时整个花序紧凑短缩，10 余朵白色小花聚集在枝头，依次盛开，观赏效果甚佳。

图 2–15　鞍叶羊蹄甲形态特征

2.3.3　刀果鞍叶羊蹄甲

【学名】*Bauhinia brachycarpa* Wall. ex Benth

【分布】原产于我国贵州、云南、广西。生于海拔 450~1650 m 的山地疏、密林或灌丛中。

【形态特征】小乔木，花瓣白色，荚果常密集着生于果序上，大刀状（图 2–16）。花期 4~7 月；果期 7~9 月。

图 2–16　刀果鞍叶羊蹄甲形态特征

【用途】株形开展，枝叶秀美，开花时整个花序紧凑短缩，40余朵白色小花聚集在枝头，依次盛开，虽单朵花花感不强烈，但花序整体景观效果佳，花叶相配更显整个植株可爱活泼。

2.3.4 单蕊羊蹄甲

【学名】*Bauhinia monandra* Kurz, 1873

【别名】兰花树、拿破仑花

【分布】原产于缅甸，在世界热带地区有分布。

【形态特征】灌木或小乔木，花瓣粉色，中心的花瓣有红色或紫色条纹（图2–17）。花期全年。

【用途】花将要开放时为浅黄色，第2天花瓣变成粉红色，中心的花瓣有红色或紫色条纹，适宜做行道树、孤赏树和风景林木。生长快速，耐修剪，在原产地也被作绿篱使用。

图2–17 单蕊羊蹄甲形态特征

2.3.5 绿花羊蹄甲

【学名】*Bauhinia viridescens* Desvaux Ann. Sci. Nat. (Paris). 9: 429. 1826.

【分布】原产于我国海南。生于低海拔疏林中。

【形态特征】直立灌木，花瓣黄色，荚果较大（图2–18）。花期3~7月；果期5月至翌年1月。

图2–18 绿花羊蹄甲形态特征

【用途】生长迅速，植株低矮紧凑，花果同枝，观赏性高，是优良的花灌木素材，应用范围广，配置形式多样。

2.3.6 粉叶羊蹄甲

【学名】*Bauhinia glauca* (Benth.) Wall. ex Benth., 1861

【别名】羊蹄甲藤、拟粉叶羊蹄甲、光羊蹄甲

【分布】原产于我国广东、云南、广西、江西、湖南等。印度、中南半岛、印度尼西亚均有分布。

【形态特征】木质藤本，花瓣白色，荚果卵形，极扁平（图 2–19）。花期 4~6 月；果期 7~9 月。

【用途】具卷须，攀缘性强，且生性强健，生长快速，管理粗放，是理想的垂直绿化材料。

图 2–19 粉叶羊蹄甲形态特征

2.3.7 鄂羊蹄甲

【学名】*Bauhinia glauca* subsp. *hupehana* (Craib) T. C. Chen, 1988

【别名】湖北羊蹄甲

【分布】原产于我国四川、贵州、湖北、湖南、广东和福建等。生于海拔 650~1400 m 的山坡疏林或山谷灌丛中。

【形态特征】粉叶羊蹄甲的亚种，花瓣玫瑰红色（图 2–20）。花期 4~5 月；果期 6~7 月。

【用途】花开绚烂、花感强烈，是优良的观叶、观花树种，常被用作配置山石、地被植物、坡地绿化和棚架遮荫等。

图 2–20　鄂羊蹄甲形态特征

2.3.8　薄叶羊蹄甲

【学名】*Bauhinia glauca* subsp. *tenuiflora* (Watt ex C. B. Clarke) K. Larsen & S. S. Larsen, 1973

【分布】原产于我国云南和广西。生于山麓和沟谷的密林或灌丛中。

【形态特征】粉叶羊蹄甲的亚种，木质藤本，花瓣白色，荚果带状（图 2–21）。花期 6~7 月；果期 9~12 月。

【用途】叶形秀丽、花感强烈，是优秀的花灌木素材，适宜于湖滨、溪流布置，道路两侧及小庭院点缀观赏。

图 2–21　薄叶羊蹄甲形态特征

2.3.9　阔裂叶羊蹄甲

【学名】*Bauhinia apertilobata* Merr. & F. P. Metcalf, 1937

【别名】亚那藤、搭袋藤

【分布】原产于我国福建、江西、广东、广西。生于海拔 300~600 m 的山谷和山坡的疏林、密林或灌丛中。

【形态特征】藤本，花瓣白色或淡绿色，荚果披针形或长圆行，扁平（图 2–22）。花期 5~7 月；果期 8~11 月。

【用途】枝叶繁茂，是良好的绿化材料，可形成粗犷自然的景观效果。

图 2–22 阔裂叶羊蹄甲形态特征

2.3.10 菱果羊蹄甲

【学名】*Bauhinia scandens* var. *horsfieldii* (Watt ex Prain) K. Larsen & S. S. Larsen, 1973

【分布】原产于我国海南。印度尼西亚（爪哇）、中南半岛有分布。生于半阴蔽的山谷溪边疏林中或开旷的灌丛中。

【形态特征】攀缘羊蹄甲的变种，藤本，花瓣白色，荚果近菱形或长圆形，扁平（图 2–23）。花期 10 月；果期 12 月。

图 2–23 菱果羊蹄甲形态特征

【用途】株形开展，枝叶秀美，单朵花花感不强烈，但花序整体景观效果甚佳，花叶相配突显整个植株可爱活泼，具有独特的野趣，可植于疏林草地、土丘、山石间。

2.3.11 孪叶羊蹄甲

【学名】*Bauhinia didyma* H. Y. Chen, 1938

【别名】牛耳麻、飞机藤、二裂片羊蹄甲

【分布】原产于我国广东和广西。生于海拔 100 m 的山腰灌丛中或 300~500 m 的山谷溪边疏林中。

【形态特征】藤本，花瓣白色，荚果带状长圆形，扁平而薄（图 2–24）。花期 8~11 月；果期 9 月至翌年 2 月。

【用途】孪叶羊蹄甲枝叶纤巧，叶片深裂至基部成为两片小叶是其独特的观赏特点，盛花时花感非常强烈，芬芳满枝，适用于岩石园、假山、廊架等。

图 2–24 孪叶羊蹄甲形态特征

2.3.12 囊托羊蹄甲

【学名】*Bauhinia touranensis* Gagnep., 1912

【别名】越南羊蹄甲

【分布】原产于我国云南、贵州和广西。越南有分布。生于海拔 500~1000 m 的山地沟谷疏林或密林下及石山灌丛中。

【形态特征】木质藤本，花瓣白带淡绿色，荚果带状，扁平（图 2–25）。花期 3~6 月；果期 8~10 月。

【用途】花色清雅秀丽，新叶红色，是优良的攀缘花卉和垂直绿化材料，适用于边坡或水岸的处理，具有较高的观赏价值。

图 2–25 囊托羊蹄甲形态特征

2.3.13 牛蹄麻

【学名】*Bauhinia khasiana* Baker, 1878

【别名】侯氏羊蹄甲

【分布】原产于我国海南。印度和越南有分布。生于混交密林中。

【形态特征】木质藤本，花瓣红色或橙黄色，荚果长圆披针形，扁平（图 2–26）。花期 7~8 月；果期 9~12 月。

【用途】花瓣为鲜艳的橙黄色，数个花朵呈伞房花序生于枝顶，花开绚烂，花感强烈，常用于垂直绿化或坡地绿化。

图 2–26 牛蹄麻形态特征

2.3.14 锈荚藤

【学名】*Bauhinia erythropoda* Hayata, 1913

【分布】原产于我国海南、广西和云南。菲律宾也有分布。生于山地疏林中或沟谷旁岩石上。

【形态特征】木质藤本，花瓣白色，荚果倒披针状带形，扁平（图 2–27）。花期 3~4 月；果期 6~7 月。

【用途】枝叶紧密、覆盖度大，嫩枝密被黑色柔毛，具有独特的观赏价值，因攀缘能力较强，常被用作棚架、地被或坡地绿化。

图 2–27　锈荚藤形态特征

2.3.15　素心花藤

【学名】*Bauhinia kockiana* Korth., 1839

【别名】橙羊蹄甲藤

【分布】原产于马来半岛、苏门答腊。

【形态特征】常绿藤本，花由开至谢会呈现橙红、桃红或黄色等；花瓣 5 枚，圆形至卵形花瓣，花瓣两端圆形，瓣缘波皱状，具有明显的瓣柄（图 2–28）。

【用途】花色艳丽、丰富，可用作拱门、花架、荫棚美化或盆栽。

图 2–28　素心花藤形态特征

2.3.16 云南羊蹄甲

【学名】*Bauhinia yunnanensis* Franch., 1890

【别名】云南马鞍叶

【分布】原产于我国云南、四川和贵州。缅甸和泰国北部也有分布。生于海拔 400~2000 m 的山地灌丛或悬崖石上。

【形态特征】藤本，花瓣淡红色，荚果带状长圆形，扁平（图 2-29）。花期 8 月；果期 10 月。

【用途】花朵秀丽，姿态优美，具有很高的观赏价值。攀缘能力强，可作为地被或坡地绿化材料。

图 2-29 云南羊蹄甲形态特征

2.3.17 金叶羊蹄甲

【学名】*Bauhinia aureifolia* K.Larsen & S.S. Larsen

【别名】金叶羊蹄藤

【分布】原产于泰国。我国华南地区有引种栽培。

【形态特征】大型木质藤本，叶片直径可达 20 cm，每年新生的叶片密被锈黄色柔毛（图 2-30）。

【用途】嫩叶密被柔毛，触感顺滑，在阳光照射下金光闪闪，异常美丽，这一特殊性状在羊蹄甲属中独树一帜，具有极高的开发价值。

图 2-30　金叶羊蹄甲形态特征

2.3.18　滇南羊蹄甲

【学名】*Bauhinia hypoglauca* Tang & F. T. Wang ex T. C. Chen, 1988

【分布】原产于我国云南。生于海拔 1300 m 左右的石灰岩山地。

【形态特征】木质藤本，花瓣白色，荚果长圆形（图 2-31）。花期 9~10 月；果期 10 月。

图 2-31　滇南羊蹄甲形态特征

【用途】可作堡坎、陡坡、岩壁等垂直绿化，也可修整成不同形状的景观灌木或用于隐蔽掩体绿化，与于山岩、叠石、林间配置，颇具自然野趣。

2.3.19 马钱叶羊蹄甲

【学名】*Bauhinia strychnifolia* Craib

【别名】马钱叶蝶叶豆

【分布】原产于泰国。我国西双版纳植物园有引种。

【形态特征】木质藤本，叶披针形、全缘、薄革质，不具备“蹄”形叶片，总状花序，花红色（图 2–32）。

【用途】美丽的藤本植物，适合庭园花架、栅栏布置，适合在园林中推广和应用。

图 2–32　马钱叶羊蹄甲形态特征

2.3.20 蝶舞羊蹄甲

【学名】*Bauhinia divaricata* L., 1753

【别名】美洲羊蹄甲、叉分羊蹄甲

【分布】原产于美洲中部。我国西双版纳植物园有引种。

【形态特征】直立灌木或乔木（图 2–33）。

图 2-33 蝶舞羊蹄甲形态特征

【用途】花形奇特，可在园林中用于山岩、叠石、林间配置，颇具自然野趣。

2.3.21 箭羽羊蹄甲

【学名】*Bauhinia curtisii* Prain, 1897

【分布】原产于亚洲东南部。我国西双版纳植物园有引种。

【形态特征】灌木或藤本，叶片无毛，有光泽，花序顶生和侧生，松散的总状花序，花瓣绿色（图 2-34）。

【用途】叶片油亮，具有良好的观赏价值，可作垂直绿化，也可修整成景观灌木或用于隐蔽掩体绿化，颇具自然野趣。

图 2-34 箭羽羊蹄甲形态特征

2.3.22 橙花首冠藤

【学名】*Bauhinia bidentata* Jack, 1822

【分布】原产于泰国。

【形态特征】大型藤本，叶片浅裂，花期冬季，伞房花序，花瓣黄色，成熟后变成橙红色（图 2-35）。

【用途】花色橙黄，花量大，具有良好的观赏价值，可作陡坡、岩壁等垂直绿化。

图 2-35 橙花首冠藤形态特征

2.3.23 嘉兰羊蹄甲

【学名】*Bauhinia grevei* Drake

【分布】原产于非洲马达加斯加岛西部。我国西双版纳植物园有引种。

【形态特征】灌木（图 2-36）。花期夏季。

【用途】花色艳丽，花形奇特，叶形小巧，具有优良的观赏价值，可作盆栽或园景树。

图 2-36 嘉兰羊蹄甲形态特征

参考文献

陈定如，2006. 红花羊蹄甲（红花紫荆、香港紫荆、洋紫荆）苏木科［J］. 广东园林，6:80−81.

陈勇，张继方，唐昌亮，等，2017. 广东、海南两省羊蹄甲属植物种质资源调查及应用前景［J］. 中国城市林业，15（5）:41−45.

刘粹纯，黄伟锋，2012. 羊蹄甲属乔木的文化意蕴及其园林应用［J］. 现代园艺，（4）:44.

杨之彦，冯志坚，曹忠元，2011. 羊蹄甲属观赏植物的辨别及其园林应用［J］. 广东园林，33（1）:47−51.

杨之彦，2012. 广东羊蹄甲属木本花卉资源及园林应用研究［D］. 广州：华南农业大学 .

中国科学院中国植物志编辑委员会，1988. 中国植物志（第 39 卷）［M］. 北京 : 科学出版社 .

第3章　羊蹄甲属植物选育

羊蹄甲属植物是我国南方地区重要的景观树种，开展植物选育，可以为园林应用提供更加丰富、优质的品系选择。植物选育的常用方法为引种驯化、选择育种、杂交育种、诱变育种、倍性育种、生物技术育种和复合育种。本书主要介绍羊蹄甲属常用的选择育种和杂交育种。选择育种采取实生选种方式，之后进行观赏性评价和抗逆性研究；杂交育种为种间杂交。

3.1　观赏性评价

对天然授粉产生的种子苗进行实生选种后，开展观赏性评价。以洋紫荆的观赏性评价研究为例。因白花洋紫荆花期相同，园林应用中混植出现，本次将白花洋紫荆一同纳入洋紫荆观赏性评价范围。

运用层次分析法构建洋紫荆观赏性综合评价体系，通过确定指标及评价标准，建立评价层次结构，确定指标权重，计算综合评价指数，对采集的洋紫荆种质资源进行综合量化评价，旨在筛选出优良种质资源，为培育优良品系奠定基础（魏丹等，2016）。

3.1.1　优株收集

通过在洋紫荆栽培区进行广泛调查，采用整株移植、采种、嫁接、扦插等方法在广东、广西和福建等省份进行优良单株种质资源收集（图 3–1），并建立资源收集圃。

3.1.2　评价指标及标准

为了科学评价洋紫荆的观赏性，选取株形、树冠浓密度、生长势、盛花期、花色、盛花期花量、花朵形态、香气和花朵直径等 9 个评价指标进行测定，拟定各指标的得分值见表 3–1。其中，各项指标的评分值从好至差分别为 3、2、1。各评价指标的详细说明见表 3–1。

图 3-1　洋紫荆优良单株的主要花色

表 3-1　洋紫荆优树评价标准

序号	因子	得分值		
		3	2	1
1	株形	笔直不扭曲没有偏冠	树干有一定的倾斜角度、扭曲或出现一定的偏冠情况	树干出现大幅度地倾斜角度或有严重的偏冠
2	树冠浓密度	浓密	适中	稀疏
3	生长势	特好	好	一般

（续）

序号	因子	得分值		
		3	2	1
4	盛花期	早于 2 月上旬或晚于 3 月下旬	2 月上中旬或 3 月中下旬	2 月下旬至 3 月中旬
5	花色	特殊，少见	不常见	紫红色、淡红色或者白色常见色
6	盛花期花量	＞ 80%	50%~80%	＜ 50%
7	花朵形态	特别	略特别	普通
8	香味	香	微香	无香
9	花朵直径	＞ 8 cm	5~8 cm	＜ 5 cm

3.1.2.1 株形

树木出现树干倾斜、扭曲或偏冠的现象，会影响树体整体美观度。以树干倾斜的角度分级，并视其偏冠程度调整等级。树干笔直不扭曲没有偏冠的情况计为好，树干有一定的倾斜角度、扭曲或出现一定的偏冠情况计为一般，树干出现大幅度地倾斜角度或有严重的偏冠计为差，分别记为 3、2、1。

3.1.2.2 树冠浓密度

树冠即乔木树干最低一个分枝以上连同集生枝叶的部分，包括了枝和叶两部分。树冠的指标是评价树木外观指标中使用最广泛的。根据树冠的浓密程度，分浓密、适中、稀疏，分别计为 3、2、1。

3.1.2.3 生长势

生长势是树木树冠、枝叶、树干等各个部分的综合反映，是判断树木衰弱的重要指标。该指标的获得主要是依靠调查员的判断，划分为 3 个等级，分别记为 3、2、1。

3.1.2.4 盛花期

根据盛花期的早晚划分为 3 个等级，分为 3、2、1。

3.1.2.5 花色

根据英国皇家园艺学会色谱标准（Royal Horticultural Society Color Chart，简称 RHSCC）得出的结果进行等级划分。花色按稀有程度分为 3 个等级，记为 3、2、1。

3.1.2.6 盛花期花量

花量指单位面积内花的数量与叶片的比例。通过树冠中部 4 个不同方位，确定尺寸面积，贴近树冠拍照（图 3-2），再把相片导入 Photoshop 软件中计算分析色彩，并从色彩高峰值域范围确定主要花量，得到花量大小分析数据。根据盛花期花朵覆盖叶片的覆盖度进行等级划分。覆盖度小于 50%、50%~80% 和大于 80% 分为少、一般、多，分别计为 1、2 和 3。

图 3–2　洋紫荆花量测量的方法

3.1.2.7　**花朵形态**

根据花朵的形态特征评分，出现花朵形态奇特，如花瓣边缘有波浪、花瓣大于 5 瓣等情况给 3 分，以此类推，分为 3 个等级，记为 3、2、1。

3.1.2.8　**香味**

根据香味的浓郁程度分 3 个等级，记为 3、2、1。

3.1.2.9　**花朵直径**

根据花瓣的大小来划分分值。

3.1.3　评价层次结构

根据各评价因子的相互关系和隶属关系，构建评价体系各影响因子的层次关系（表 3–2）。

表 3–2　洋紫荆观赏性状综合评价因子的层次结构

目标层（A）	准则层（B）	标准层（C）
综合评价	整体型 B1	株形 C1
		树冠浓密度 C2
		生长势 C3
	花 B2	盛花期 C4
		花色 C5
		盛花期花量 C6
		花朵形态 C7
		香味 C8
		花朵直径 C9

3.1.4 指标权重

3.1.4.1 判断矩阵

判断矩阵中每个因子的取值分别代表一个指标对另一个指标的重要性的比较，具体见表 3–3。根据各个因子对洋紫荆综合性状的贡献和各因子的重要性，运用比例标度法建立每一级判断因子，相对于更高一级判断因子的判断矩阵见表 3–3 至表 3–6。

表 3–3 重要性标度含义

重要性标度	含 义
1	表示两个元素相比，具有同等重要性
3	表示两个元素相比，前者比后者稍重要
5	表示两个元素相比，前者比后者明显重要
7	表示两个元素相比，前者比后者强烈重要
9	表示两个元素相比，前者比后者极端重要
2、4、6、8	表示上述判断的中间值
倒数	若元素 i 与元素 j 的重要性之比为 a_{ij}，则元素 j 与元素 I 的重要性之比为 $a_{ji}=I/a_{ij}$

表 3–4 判断矩阵 A–B

A	B1	B2	*W*
整体型 B1	1	1/5	0.1667
花 B2	5	1	0.8333

表 3–5 判断矩阵 B1–C

B1	C1	C2	C3	*W*
株形 C1	1	1	3	0.4286
树冠浓密度 C2	1	1	3	0.4286
生长势 C3	1/3	1/3	1	0.1429

注：CI=0.0002，RI=0.58，CI/RI=0.0004<0.1。

表 3–6 判断矩阵 B2–C

B2	C4	C5	C6	C7	C8	C9	*W*
盛花期 C4	1	1/7	1/7	1/5	1	1/3	0.0430
花色 C5	7	1	1	3	7	4	0.3735
盛花期花量 C6	7	1	1	3	7	4	0.3735
花朵形态 C7	5	1/3	1/3	1	4	2	0.1655

（续）

B2	C4	C5	C6	C7	C8	C9	*W*
香味 C8	1	1/7	1/7	1/4	1	1/3	0.0446
花朵直径 C9	3	1/4	1/4	1/2	3	1	0.1045

注：CI=0.021，RI=1.12，CI/RI=0.017<0.1。

3.1.4.2 指标权重

经过层次总排序和一致性检验后，利用准则层的权重与各个指标层的权重相乘，得到最终权重，即各个指标在总排序中的权重值（表 3–7）。其中，花色、花量的总权重值最大，均为 0.3112，其次为花朵形态、花朵直径。

对研究中获取的指标实测值进行评价获得评分，并与其权重相乘，所有评价指标得分之和即为综合评价指数。以植株 G1 为例，根据标准层（C）9 个指标的评分标准，获得以下分值：C1=1，C2=3，C3=3，C4=3，C5=3，C6=2，C7=1，C8=2，C9=3。将各个指标评分值与其权重相乘并相加，计算出综合评价值 A1。即：

$$A1=1\times0.0714+3\times0.0714+3\times0.0238+3\times0.0358+3\times0.3112+2\times0.3112+1\times0.1379+2\times0.0372+3\times0.0870=2.4937$$

表 3–7 各层次指标权重

目标层（A）	准则层（B）	权重	标准层（C）	分权重	总权重值
综合评价 A	整体型 B1	0.1667	株形 C1	0.4286	0.0714
			树冠浓密度 C2	0.4286	0.0714
			生长势 C3	0.1429	0.0238
	花 B2	0.8333	盛花期 C4	0.0430	0.0358
			花色 C5	0.3735	0.3112
			盛花期花量 C6	0.3735	0.3112
			花朵形态 C7	0.1655	0.1379
			香味 C8	0.0446	0.0372
			花朵直径 C9	0.1045	0.0870

3.1.5 观赏性评价

收集 60 株洋紫荆优良植株进行评价，初步建立洋紫荆种质资源的综合性状评价体系。

3.1.5.1 材料收集

2014 年 3 月开展调查，选择观赏性好的优良单株 60 株，均为修剪后的成熟植株，进行标记编号。于 2015 年 3 月对 60 株优良单株做进一步复核，采集信息见表 3–8。

优良单株花色的确定采用 RHSCC，通过比色卡的比对筛选出花色较为少见的植株。具体色号见表 3–8，共 23 个色号，植株的色彩差异比较大，从白色、粉红色到深紫红色变化，75A、N72B、78B、76B、82C、85C 这些色号比较特殊，在进行花色评价时根据色号对比进行评分。

表 3–8　入选的优良单株性状

编号	株形	树冠浓密度	生长势	盛花期	花色	盛花期花量	花朵形态	香味	花朵直径（cm）
G01	差	浓密	特好	晚于 3 月下旬	75A	一般	普通	微香	>8
G02	适中	稀疏	一般	2 月中下旬至 3 月中旬	68A	一般	普通	无香	>8
G03	适中	稀疏	一般	2 月中下旬至 3 月中旬	76D	少	普通	无香	>8
G04	适中	稀疏	一般	2 月中下旬至 3 月中旬	N78C	少	普通	无香	>8
G05	适中	稀疏	一般	2 月中下旬至 3 月中旬	77C	一般	普通	无香	>8
G06	差	稀疏	一般	2 月中下旬至 3 月中旬	75A	少	普通	无香	>8
G07	适中	稀疏	一般	2 月中下旬至 3 月中旬	70B	一般	普通	无香	5~8
G08	适中	稀疏	一般	2 月中下旬至 3 月中旬	76C	一般	普通	无香	>8
G09	适中	稀疏	一般	2 月中下旬至 3 月中旬	N74C	一般	普通	无香	5~8
G10	适中	稀疏	一般	2 月中下旬至 3 月中旬	70B	一般	普通	无香	>8
G11	适中	稀疏	一般	2 月中下旬至 3 月中旬	72B	一般	普通	无香	>8
G12	适中	稀疏	好	2 月中下旬至 3 月中旬	76A	少	普通	无香	>8
G13	适中	稀疏	一般	2 月中下旬至 3 月中旬	76A	一般	普通	无香	>8
G14	适中	稀疏	好	2 月中下旬至 3 月中旬	76A	多	普通	无香	5~8
G15	适中	稀疏	好	2 月中下旬至 3 月中旬	76A	少	普通	无香	>8
G16	适中	稀疏	好	早于 2 月中旬	77C	一般	普通	无香	5~8
G17	适中	稀疏	一般	2 月中下旬至 3 月中旬	76A	一般	普通	无香	>8
G18	适中	稀疏	一般	2 月中下旬至 3 月中旬	76A	一般	普通	无香	>8
G19	适中	稀疏	一般	2 月中下旬至 3 月中旬	76A	少	普通	无香	5~8
G20	适中	适中	好	早于 2 月中旬	N72B	一般	略特别	香	5~8
G21	好	浓密	好	早于 2 月中旬	77C	少	特别	微香	5~8
G22	好	浓密	好	早于 2 月中旬	76A	一般	略特别	无香	5~8
G23	差	稀疏	好	早于 2 月中旬	NN155C	一般	略特别	微香	5~8
G24	好	浓密	好	早于 2 月中旬	85C	一般	略特别	微香	5~8

（续）

编号	株形	树冠浓密度	生长势	盛花期	花色	盛花期花量	花朵形态	香味	花朵直径（cm）
G25	适中	适中	好	早于2月中旬	82C	少	特别	微香	5~8
G26	好	浓密	好	早于2月中旬	75A	一般	略特别	微香	5~8
G27	差	稀疏	好	早于2月中旬	NN155C	一般	略特别	微香	5~8
G28	好	浓密	好	早于2月中旬	76A	多	特别	微香	<5
G29	好	浓密	好	2月中下旬至3月中旬	N80C	多	特别	微香	5~8
G30	适中	稀疏	好	早于2月中旬	75A	多	略特别	微香	5~8
G31	差	稀疏	好	2月中下旬至3月中旬	NN155C	少	略特别	微香	5~8
G32	好	适中	特好	晚于3月中旬	78B	一般	特别	无香	>8
G33	好	适中	好	晚于3月中旬	N81C	多	略特别	无香	<5
G34	适中	适中	特好	晚于3月中旬	82C	一般	略特别	无香	5~8
G35	好	浓密	特好	晚于3月中旬	N80B	一般	略特别	无香	5~8
G36	适中	适中	特好	晚于3月中旬	76B	多	略特别	无香	5~8
G37	好	适中	特好	晚于3月中旬	77B	多	普通	香	5~8
G38	适中	适中	好	早于2月中旬	N78C	多	略特别	微香	5~8
G39	适中	适中	好	早于2月中旬	NN155C	一般	略特别	微香	5~8
G40	适中	稀疏	好	晚于3月中旬	70B	一般	略特别	微香	5~8
G41	适中	适中	好	晚于3月中旬	70B	一般	略特别	微香	5~8
G42	好	适中	好	晚于3月中旬	72B	一般	略特别	微香	5~8
G43	适中	适中	好	晚于3月中旬	70B	一般	略特别	微香	5~8
G44	好	浓密	特好	晚于3月中旬	72D	少	略特别	微香	5~8
G45	好	浓密	特好	晚于3月中旬	N78D	一般	特别	微香	5~8
G46	适中	适中	特好	晚于3月中旬	N78D	一般	略特别	无香	>8
G47	好	浓密	特好	晚于3月中旬	77C	一般	特别	微香	5~8
G48	好	浓密	一般	晚于3月中旬	71D	一般	略特别	微香	5~8
G49	差	浓密	好	晚于3月中旬	N80C	一般	特别	微香	>8
G50	好	浓密	好	晚于3月中旬	N87C	多	略特别	微香	<5
G51	适中	稀疏	一般	2月中下旬至3月中旬	75A	少	普通	无香	5~8
G52	适中	稀疏	一般	2月中下旬至3月中旬	N74C	一般	普通	无香	>8
G53	适中	稀疏	一般	2月中下旬至3月中旬	77C	一般	普通	无香	5~8
G54	适中	稀疏	好	2月中下旬至3月中旬	76A	少	普通	无香	5~8

（续）

编号	株形	树冠浓密度	生长势	盛花期	花色	盛花期花量	花朵形态	香味	花朵直径（cm）
G55	适中	稀疏	好	2 月中下旬至 3 月中旬	76A	少	普通	无香	<5
G56	适中	稀疏	一般	2 月中下旬至 3 月中旬	NN155C	一般	普通	无香	5~8
G57	适中	稀疏	一般	2 月中下旬至 3 月中旬	NN155C	一般	普通	无香	5~8
G58	适中	稀疏	一般	2 月中下旬至 3 月中旬	77C	少	普通	无香	>8
G59	适中	稀疏	一般	2 月中下旬至 3 月中旬	76A	少	普通	无香	>8
G60	适中	稀疏	一般	2 月中下旬至 3 月中旬	N74C	少	普通	无香	>8

3.1.5.2 评分

根据评价标准体系评分，各优良单株的综合评价指数见表 3–9。根据综合评价值用聚类分析方法将单株分为 5 个等级，表 3–9 中代码Ⅰ、Ⅱ、Ⅲ、Ⅳ、Ⅴ分别代表综合品质由优到差。

层次分析法得出排名较高的植株有 G36、G32、G29、G30、G26、G24、G48、G50、G20、G01、G38、G37、G45、G47、G34、G33、G28、G49、G25、G35、G46、G42、G41、G43、G21、G40，这些植株的综合表现比较好，可为新品系的选育栽培提供基础材料。将这些得分比较高的植株进一步分成优、良、备用 3 类，通过聚类得到优等的植株有 G36、G32、G47、G30、G26、G24、G48、G50，共计 8 个植株；良好的植株有 G20、G1、G38、G37、G45、G47、G34、G33、G28、G49，共计 10 个植株，备用的植株有 G25、G35、G46、G42、G41、G43、G21、G40 共计 8 个植株。

表 3–9 洋紫荆优树综合评价指标的评判

编号	株形	树冠浓密度	生长势	盛花期	花色	盛花期花量	花朵形态	香味	花朵直径	综合指数	等级
G01	0.0714	0.2142	0.0714	0.1074	0.9336	0.6224	0.1379	0.0744	0.261	2.4937	Ⅰ
G02	0.1428	0.0714	0.0238	0.0358	0.6224	0.6224	0.1379	0.0372	0.261	1.9547	Ⅲ
G03	0.1428	0.0714	0.0238	0.0358	0.3112	0.3112	0.1379	0.0372	0.261	1.3323	Ⅴ
G04	0.1428	0.0714	0.0238	0.0358	0.6224	0.3112	0.1379	0.0372	0.261	1.6435	Ⅳ
G05	0.1428	0.0714	0.0238	0.0358	0.6224	0.6224	0.1379	0.0372	0.261	1.9547	Ⅲ
G06	0.0714	0.0714	0.0238	0.0358	0.9336	0.3112	0.1379	0.0372	0.261	1.8833	Ⅲ
G07	0.1428	0.0714	0.0238	0.0358	0.6224	0.6224	0.1379	0.0372	0.174	1.8677	Ⅲ
G08	0.1428	0.0714	0.0238	0.0358	0.3112	0.6224	0.1379	0.0372	0.261	1.6435	Ⅳ
G09	0.1428	0.0714	0.0238	0.0358	0.6224	0.6224	0.1379	0.0372	0.174	1.8677	Ⅲ
G10	0.1428	0.0714	0.0238	0.0358	0.6224	0.6224	0.1379	0.0372	0.261	1.9547	Ⅲ

（续）

编号	株形	树冠浓密度	生长势	盛花期	花色	盛花期花量	花朵形态	香味	花朵直径	综合指数	等级
G11	0.1428	0.0714	0.0238	0.0358	0.6224	0.6224	0.1379	0.0372	0.261	1.9547	Ⅲ
G12	0.1428	0.0714	0.0476	0.0358	0.3112	0.3112	0.1379	0.0372	0.261	1.3561	Ⅴ
G13	0.1428	0.0714	0.0238	0.0358	0.3112	0.6224	0.1379	0.0372	0.261	1.6435	Ⅳ
G14	0.1428	0.0714	0.0476	0.0358	0.3112	0.9336	0.1379	0.0372	0.174	1.8915	Ⅲ
G15	0.1428	0.0714	0.0476	0.0358	0.3112	0.3112	0.1379	0.0372	0.261	1.3561	Ⅴ
G16	0.1428	0.0714	0.0476	0.0716	0.6224	0.6224	0.1379	0.0372	0.174	1.9273	Ⅲ
G17	0.1428	0.0714	0.0238	0.0358	0.3112	0.6224	0.1379	0.0372	0.261	1.6435	Ⅳ
G18	0.1428	0.0714	0.0238	0.0358	0.3112	0.6224	0.1379	0.0372	0.261	1.6435	Ⅳ
G19	0.1428	0.0714	0.0238	0.0358	0.3112	0.3112	0.1379	0.0372	0.174	1.2453	Ⅴ
G20	0.1428	0.1428	0.0476	0.0716	0.9336	0.6224	0.2758	0.1116	0.174	2.5222	Ⅰ
G21	0.2142	0.2142	0.0476	0.0716	0.6224	0.3112	0.4137	0.0744	0.174	2.1433	Ⅱ
G22	0.2142	0.2142	0.0476	0.0716	0.3112	0.6224	0.2758	0.0372	0.174	1.9682	Ⅲ
G23	0.0714	0.0714	0.0476	0.0716	0.3112	0.6224	0.2758	0.0744	0.174	1.7198	Ⅳ
G24	0.2142	0.2142	0.0476	0.0716	0.9336	0.6224	0.2758	0.0744	0.174	2.6278	Ⅰ
G25	0.1428	0.1428	0.0476	0.0716	0.9336	0.3112	0.4137	0.0744	0.174	2.3117	Ⅱ
G26	0.2142	0.2142	0.0476	0.1074	0.9336	0.6224	0.2758	0.0744	0.174	2.6636	Ⅰ
G27	0.0714	0.0714	0.0476	0.0716	0.3112	0.6224	0.2758	0.0744	0.174	1.7198	Ⅳ
G28	0.2142	0.2142	0.0476	0.1074	0.3112	0.9336	0.4137	0.0744	0.087	2.4033	Ⅰ
G29	0.2142	0.2142	0.0476	0.0358	0.6224	0.9336	0.4137	0.0744	0.174	2.7299	Ⅰ
G30	0.1428	0.0714	0.0476	0.0716	0.9336	0.9336	0.2758	0.0744	0.174	2.7248	Ⅰ
G31	0.0714	0.0714	0.0476	0.0358	0.3112	0.3112	0.2758	0.0744	0.174	1.3728	Ⅴ
G32	0.2142	0.1428	0.0714	0.0716	0.9336	0.6224	0.4137	0.0372	0.261	2.7679	Ⅰ
G33	0.2142	0.1428	0.0476	0.0716	0.6224	0.9336	0.2758	0.0372	0.087	2.4322	Ⅰ
G34	0.1428	0.1428	0.0714	0.0716	0.9336	0.6224	0.2758	0.0372	0.174	2.4716	Ⅰ
G35	0.2142	0.2142	0.0714	0.0716	0.6224	0.6224	0.2758	0.0372	0.174	2.3032	Ⅱ
G36	0.1428	0.1428	0.0714	0.0716	0.9336	0.9336	0.2758	0.0372	0.174	2.7828	Ⅰ
G37	0.2142	0.1428	0.0714	0.0716	0.6224	0.9336	0.1379	0.1116	0.174	2.4795	Ⅰ
G38	0.1428	0.1428	0.0476	0.0716	0.6224	0.9336	0.2758	0.0744	0.174	2.485	Ⅰ
G39	0.1428	0.1428	0.0476	0.0716	0.3112	0.6224	0.2758	0.0744	0.174	1.8626	Ⅲ
G40	0.1428	0.0714	0.0476	0.0716	0.6224	0.6224	0.2758	0.0744	0.174	2.1024	Ⅱ
G41	0.1428	0.1428	0.0476	0.0716	0.6224	0.6224	0.2758	0.0744	0.174	2.1738	Ⅱ

（续）

编号	株形	树冠浓密度	生长势	盛花期	花色	盛花期花量	花朵形态	香味	花朵直径	综合指数	等级
G42	0.2142	0.1428	0.0476	0.0716	0.6224	0.6224	0.2758	0.0744	0.174	2.2452	Ⅱ
G43	0.1428	0.1428	0.0476	0.0716	0.6224	0.6224	0.2758	0.0744	0.174	2.1738	Ⅱ
G44	0.2142	0.2142	0.0714	0.0716	0.6224	0.3112	0.2758	0.0744	0.174	2.0292	Ⅲ
G45	0.2142	0.2142	0.0714	0.0716	0.6224	0.6224	0.4137	0.0744	0.174	2.4783	Ⅰ
G46	0.1428	0.1428	0.0714	0.0716	0.6224	0.6224	0.2758	0.0372	0.261	2.2474	Ⅱ
G47	0.2142	0.2142	0.0714	0.0716	0.6224	0.6224	0.4137	0.0744	0.174	2.4783	Ⅰ
G48	0.2142	0.2142	0.0238	0.0716	0.9336	0.6224	0.2758	0.0744	0.174	2.604	Ⅰ
G49	0.0714	0.2142	0.0476	0.0716	0.6224	0.6224	0.4137	0.0744	0.261	2.3987	Ⅰ
G50	0.2142	0.2142	0.0476	0.1074	0.6224	0.9336	0.2758	0.0744	0.087	2.5766	Ⅰ
G51	0.1428	0.0714	0.0238	0.0358	0.9336	0.3112	0.1379	0.0372	0.174	1.8677	Ⅲ
G52	0.1428	0.0714	0.0238	0.0358	0.6224	0.6224	0.1379	0.0372	0.261	1.9547	Ⅲ
G53	0.1428	0.0714	0.0238	0.0358	0.6224	0.6224	0.1379	0.0372	0.174	1.8677	Ⅲ
G54	0.1428	0.0714	0.0476	0.0358	0.3112	0.3112	0.1379	0.0372	0.174	1.2691	Ⅴ
G55	0.1428	0.0714	0.0476	0.0358	0.3112	0.3112	0.1379	0.0372	0.087	1.1821	Ⅴ
G56	0.1428	0.0714	0.0238	0.0358	0.3112	0.6224	0.1379	0.0372	0.174	1.5565	Ⅳ
G57	0.1428	0.0714	0.0238	0.0358	0.3112	0.6224	0.1379	0.0372	0.174	1.5565	Ⅳ
G58	0.1428	0.0714	0.0238	0.0358	0.6224	0.3112	0.1379	0.0372	0.261	1.6435	Ⅳ
G59	0.1428	0.0714	0.0238	0.0358	0.3112	0.3112	0.1379	0.0372	0.261	1.3323	Ⅴ
G60	0.1428	0.0714	0.0238	0.0358	0.6224	0.3112	0.1379	0.0372	0.261	1.6435	Ⅳ

3.2 抗逆性试验

对观赏性优良的洋紫荆单株进一步开展了抗旱、抗寒、抗涝等抗逆性试验，筛选抗逆性强的优良单株（唐洪辉等，2017）。

3.2.1 抗旱性

3.2.1.1 **材料与方法**

以 9 种洋紫荆的优树子代为材料（表 3-10），采用人为控水方式模拟土壤干旱胁迫，分析不同程度干旱胁迫对 9 个家系生理指标的影响，最后应用模糊隶属函数法对 9 种洋紫荆家系的抗旱性进行综合评估。

表 3-10　9 个洋紫荆优良家系的基本情况

编号	家系名	平均苗高（cm）	平均地径（cm）
G23	HLS 02	66.22 ± 1.08	0.57 ± 0.03
G26	HLS 05	64.4 ± 3.16	0.55 ± 0.01
G32	LJC 01	78.68 ± 5.02	0.69 ± 0.03
G33	LJC 02	84.38 ± 3.02	0.75 ± 0.02
G34	LJC 03	83.68 ± 1.89	0.73 ± 0.01
G35	LJC 04	79.84 ± 2.96	0.69 ± 0.02
G37	LJC 06	72.04 ± 3.09	0.67 ± 0.05
G39	LKY 02	67.92 ± 4.36	0.59 ± 0.04
G48	YST 01	66.94 ± 3.15	0.59 ± 0.01

3.2.1.2　抗旱性与植物质膜透性指标之间的关系

干旱胁迫导致植物细胞遭受氧化胁迫，质膜受到伤害，通过测定相对电导率可以反映植物细胞膜透性变化和组织受损程度。干旱期间，各个家系的相对电导率基本呈上升趋势（图 3-4），这符合前人的相关研究结果，即抗旱性强的植物相对电导率上升较小，而抗旱性弱的上升幅度较大（孙铁军，2008；宋海鹏等，2010）。本次试验中干旱胁迫对 G34 的膜系统伤害最为严重，其次为 G32，其他家系的相对电导率上升幅度不大，表明干旱处理对其叶片细胞质膜系统伤害不大。

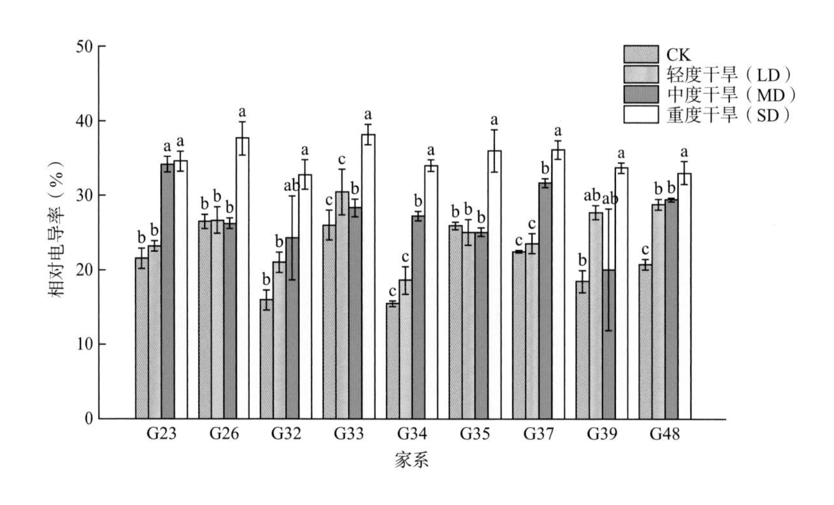

图 3-4　洋紫荆不同家系在干旱胁迫下的相对电导率变化

注：各图中相同家系上方不同小写字母表示具有显著性差异（$P \leq 0.05$，邓肯检验法）。

3.2.1.3　抗旱性与叶绿素含量之间的关系

如图 3-5、图 3-6 所示，干旱胁迫下各家系的变化规律基本相同，其叶绿素 a 和叶绿素 b 的含量均逐步下降，各家系的下降幅度各不相同。G26、G39 的叶绿素 a 和叶绿素 b 在重度干旱时期都有大幅度的下降，表明 G26、G39 的抗旱性相对比较弱。其他家系的叶绿素下降幅度比较小，其抗旱性相对较强。此外，叶绿素 b 的的波动幅度整体上大于叶绿素 a，表明叶绿素 b 对水分胁迫的敏感度要高于叶绿素 a。

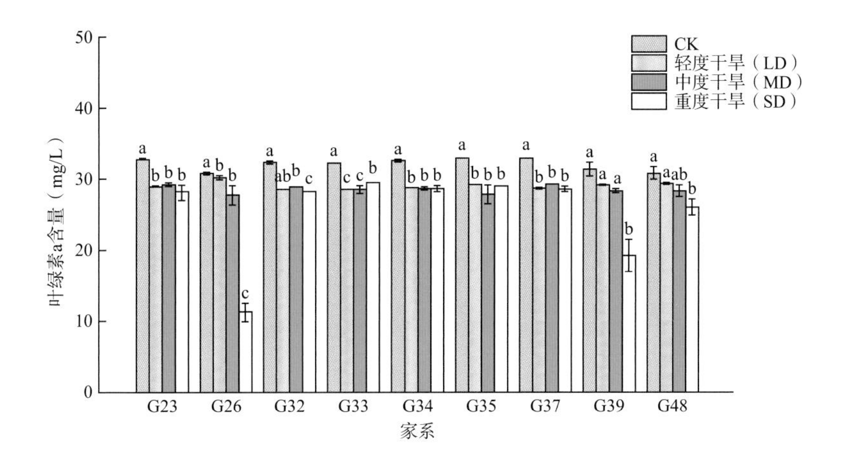

图 3–5　洋紫荆不同家系在干旱胁迫下的叶绿素 a 含量变化

注：各图中相同家系上方不同小写字母表示具有显著性差异（$P \leqslant 0.05$，邓肯检验法）。

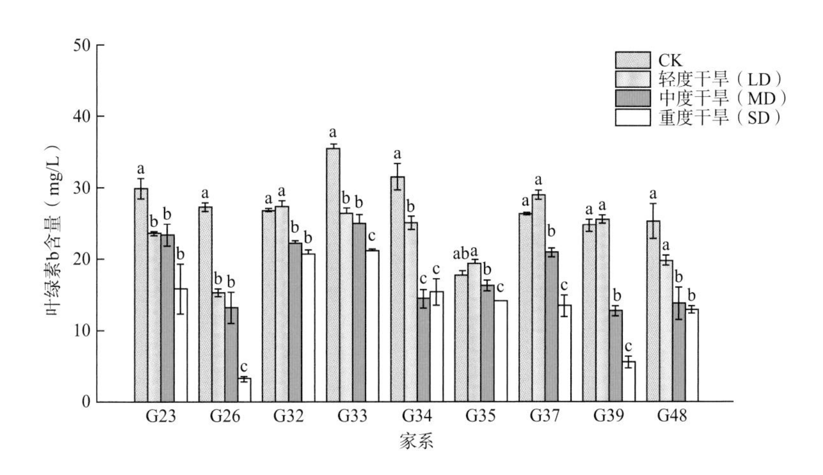

图 3–6　洋紫荆不同家系在干旱胁迫下的叶绿素 b 含量变化

注：各图中相同家系上方不同小写字母表示具有显著性差异（$P \leqslant 0.05$，邓肯检验法）。

3.2.1.4　抗旱性与 SOD 酶活性之间的关系

本次试验的结果表明，各品系的 SOD 酶活性随着胁迫程度增加呈先上升后下降的趋势（图 3–7）。基本上在轻度干旱和中度干旱时 SOD 酶活性达到最大值，后随着干旱胁迫加剧而活性下降。少数家系于开始干旱初期 SOD 酶活性一直下降。在重度干旱时，各家系 SOD 酶活性呈下降趋势。

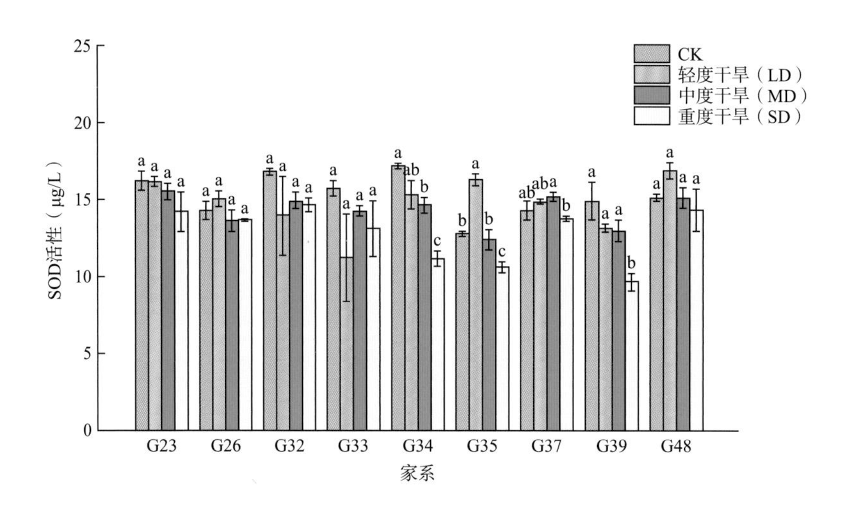

图 3–7　洋紫荆在干旱胁迫下的 SOD 酶活性

注：各图中相同家系上方不同小写字母表示具有显著性差异（$P \leqslant 0.05$，邓肯检验法）。

3.2.1.5　洋紫荆抗旱性综合评价

最后，采用了多指标综合分析，通过模糊隶属函数对各家系的抗旱相关指标进行综合评价，结果见表 3–11。洋紫荆各家系抗旱性综合指标由大到小依次为 G35 ＞ G37 ＞ G48 ＞ G23 ＞ G26 ＞ G32 ＞ G33 ＞ G39 ＞ G34。

表 3–11　洋紫荆耐旱能力隶属度的综合评价

序号	编号	指标			综合评价	排名
		电导率	叶绿素	SOD 活性		
1	G23	0.752	0.547	0.596	0.632	4
2	G26	0.964	0.133	0.710	0.602	5
3	G32	0.624	0.762	0.396	0.594	6
4	G33	0.875	0.486	0.314	0.558	7
5	G34	0.581	0.380	0.149	0.370	9
6	G35	0.988	0.790	0.731	0.836	1
7	G37	0.809	0.721	0.861	0.797	2
8	G39	0.711	0.486	0.165	0.454	8
9	G48	0.689	0.501	0.799	0.663	3

3.2.2　抗寒性

2014 年，对洋紫荆的 9 个优良家系（表 3–10）进行了人工气温箱抗寒试验，并结合各家系的恢复生长情况，筛选出抗寒性较强的家系。2015 年起，在韶关市南雄进行大田试验，为引种驯化和园林应用提供参考。

3.2.2.1 **材料与方法**

每一家系（无性系）处理 10 株，苗木洗净后放入人工气候箱内，光照强度为 1200 lx，光照时为 12 h，相对湿度保持在 75%~85%。以同期自然条件下生长的苗木为对照，设置 9 ℃、6 ℃、3 ℃、0 ℃、-3 ℃共 5 种温度梯度，以 3 ℃ / 天的速率进行降温处理。当温度降至设定温度时，保持 24 h 后选择第 2~6 片展开叶进行电导率测定。每个家系准备 3 份叶片，去除叶脉，每份称重 0.3 g，用 30 mL 蒸馏水浸泡 24 h 后用 DDS-11AGA 型数字电导仪测定液体的电导率 R1，再将测定后的各样品置于 100 ℃的沸水水浴锅中 20 min，冷却至室温后测定其电导率 R2，通过计算 R1、R2 之间的比值得出相对电导率，用来表示质膜相对透性（李合生，2002）。低温处理结束后，将所有试验苗木放置于苗圃中，进行低温胁迫后自然条件下的恢复管理。10 天后，待苗木生长情况基本稳定后，对其恢复后的形态特征进行调查。

3.2.2.2 **低温胁迫下叶片相对电导率变化**

如图 3-8 所示，洋紫荆不同家系的叶片相对电导率随着低温胁迫的加剧整体呈上升趋势，同样分两个阶段对不同家系的相对电导率变化进行分析。在 0~9 ℃，G35 相对电导率增加最大，为 98.64%，其他家系的叶片相对电导率上升速率均较缓。当温度从 0 ℃降到 -3 ℃时，除 G48 外，其他家系相对电导率均呈上升趋势。在整个胁迫期间，G35 的相对电导率增长最明显，-3 ℃胁迫下比 9 ℃处理时增加了 183.24%，其次为 G23、G32，分别增加了 115.15%、100.17%；G48 的相对电导率增长量最小，整个胁迫期间仅增加了 4.28%，其次为 G33，电导率增长量为 43.59%。

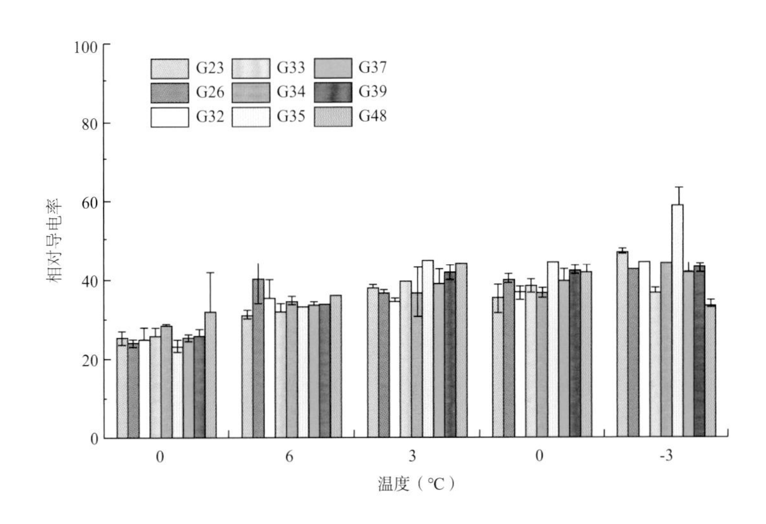

图 3-8 低温胁迫下洋紫荆不同家系相对电导率变化

3.2.2.3 **低温胁迫下洋紫荆各家系恢复生长情况**

结果显示：经过 9 天低温处理，大部分植株枝叶枯黄凋落，表现出明显受冻的迹象。低温处理结束后，所有试验苗木重新放置于苗圃，进行冻后自然条件下的恢复管理，10 天后苗木生长状况基本稳定，对其恢复生长情况进行调查。结果显示：G26、G34 和 G48 家系的试验苗木的茎、叶均正常，说明这些家系在 -3 ℃低温胁迫下能够较为正常地生长，抗寒性较强；G23、G35 和 G37 家系部分植株茎表现正常，说明这些家系能够在一定程度上适应低温胁迫；其余家系的 10 株试验材料均为茎、叶干枯，说明这些家系无法适应 -3 ℃低温胁迫，抗寒性较弱（表 3–12）。

表 3–12　洋紫荆不同家系在低温胁迫下的形态特征

单株编号	茎、叶均正常（株）	茎正常、叶干枯（株）	茎、叶均干枯（株）	耐寒表现
G23	0	3	7	一般
G26	10	0	0	较强
G32	0	0	10	较弱
G33	0	0	10	较弱
G34	10	0	0	较强
G35	0	3	7	一般
G37	0	5	5	一般
G39	0	0	10	较弱
G48	10	0	0	较强

3.2.2.4　洋紫荆家系的抗寒能力初步评价

洋紫荆抗寒试验结果显示在不同温度处理下植株的冻害情况与其叶片电导率变化情况基本一致，冻害情况较轻的植株叶片电导率变化较小，表明其抗寒性较强。结合冻害情况和叶片电导率变化情况得出，洋紫荆 9 个家系中抗寒性较强的家系为 G26、G34、G48，其次为 G37、G23、G35，抗寒性一般，G32、G33、G39 的抗寒性较差。通过对不同家系抗寒性的研究，为洋紫荆优良家系的选育和应用推广提供参考。

植物抗寒机制错综复杂，不同物种、品种，甚至家系的抗寒性存在一定的差异（薛建辉等，2009）。实验仅对洋紫荆不同家系的相对电导率和恢复生长情况进行了测定、调查分析，但要全面了解其抗寒生理升华机制，需对相关抗寒指标，如叶绿素含量、丙二醛、超氧化物歧化酶、脯氨酸、可溶性糖等进行全面综合的测定分析（杨爱国等，2018），从而建立能准确反映洋紫荆不同家系抗寒能力的综合评价体系，为其引种、选育和推广应用提供依据。

3.2.2.5　大田抗寒试验

南雄市位于广东省东北部，东经 113°55′30″~114°44′38″、北纬 24°56′59″~25°25′20″，年平均气温 20.0 ℃，年均降水量为 1515 mm。2014 年调查显示，南雄市常见羊蹄甲和红花羊蹄甲，未见洋紫荆作为园林植物。

2015 年 6 月，将南雄市林业科学研究所苗圃作为试验地进行播种，将筛选出的抗寒性较强的家系（G26、G34 和 G48）进行大田抗寒试验。苗期当年最高气温达到 38 ℃；最低气温

–3 ℃。遭遇低温时，大田试验的全部试验材料均遭受明显冻害，表现为叶片干枯、嫩枝死亡。2016 年春季天气回暖后，植株重新抽出新枝叶，各家系的恢复生长状况良好。截至 2020 年，大田试验栽培的洋紫荆生长正常，遇到冬季低温仍会遭受明显寒害，但翌年天气回暖后可正常开花、展叶，花期表现优良（图 3–9）。

图 3–9　洋紫荆抗寒优良家系大田生长情况

3.2.3　抗涝性

以洋紫荆家系为试验材料，测定水涝胁迫下的生长变化。

3.2.3.1　材料与方法

试验的材料为洋紫荆家系 2 年生袋苗，浸泡在水中和种植在试验地潮湿有部分积水的洼地中，进行生长情况观察。

3.2.3.2　不同水淹处理对苗木生长状况的影响

水淹环境下：6 天后发现洋紫荆出现部分黄棕色斑块，叶片有零星脱落；12 天后发现洋紫荆叶片出现大量黄棕色斑块；18 天后洋紫荆叶片由黄棕色变为棕褐色，且出现腐烂感觉；25 天后发现洋紫荆叶片腐烂情况严重，枝条也有变黄腐烂趋势，水体可以明显闻到恶臭，可以判断其全部死亡（杨之彦，2012）。

洼地环境下：1个月后，未积水区域洋紫荆生长正常；潮湿区域长势较弱，部分叶片发黄、脱落，有少量植株死亡；长期积水处，植株死亡。

3.2.3.3 洋紫荆抗涝性的评价

试验表明，重度水淹会对洋紫荆植株造成明显的伤害，甚至导致死亡，即使在轻度的水淹环境下，植株长势也较差，从而说明洋紫荆耐水淹的能力较弱，不适种植于排水不畅的潮湿地段。因此在园林植物配置时，洋紫荆宜种植在排水良好的沙质土壤里。

3.3 杂交育种

杂交育种是培育优良品系的有效途径。杂交育种是将父母本杂交并对杂交后代的筛选，获得具有优良性状新品种的育种方法。

3.3.1 亲本选择

根据目标性状选择亲本，一般原则为亲本性状互补，属于不同种源，或根据性状的遗传规律选配亲本，一般选用配合力高的亲本配组。本次以生长健康、花蕾茂盛的洋紫荆和白花洋紫荆的杂交试验为例。

3.3.2 花期观测

杂交前，对洋紫荆和白花洋紫荆进行花期物候观测记录，了解变化规律。以3月初盛花期的单一花蕾为样本，对其开放至凋零的全过程进行观测记录，以吐红的前1天为第1天，以花瓣全部脱落为记录结束。同时用英国皇家比色卡进行比色。

3.3.2.1 洋紫荆的花期观测

第1天，花蕾呈现较深的绿色，纺锤形，下宽上尖。

第2天，花蕾一侧裂开，可以直接看到花瓣颜色，尖端不变，花苞整体尚未失去纺锤形。

第3天，花蕾基本打开，未完全绽放，花瓣倒卵形，粉紫色，中央花瓣有紫红色斑纹，斑纹由花梗向花瓣方向延伸，颜色由红渐变为紫，雌蕊位于雄蕊下方。

第4天，花朵完全绽放，上3瓣下2瓣中央对称排列，上方中央花瓣有紫红色斑纹，斑纹由花梗向花瓣方向延伸，颜色由粉紫渐变为紫，花朵整体呈淡紫色。上3瓣较宽大，下两瓣较细长。雌蕊与雄蕊位于花瓣中央，雄蕊位于雌蕊下方，雌蕊较雄蕊更加突出，雌蕊嫩绿色，雄蕊花丝淡粉色，花药淡黄色。

第5~6天，花朵开始萎缩，花瓣颜色更浅，花瓣外部向内部蜷缩失去活力，脉络突出，雄蕊松散。

第7天，花瓣基本腐烂脱落，部分粘连在萼片处，雄蕊松散未脱落，雌蕊翠绿、变宽。

第 8 天，雄蕊逐渐脱落，粘连组织基本脱离，萼片逐渐腐烂（图 3–10）。

图 3–10 洋紫荆花期观测

3.3.2.2 白花洋紫荆的花期观测

第 1 天，花蕾嫩绿色，纺锤形，背部平缓，腹部膨大鼓起，基部宽上部尖。

第 2 天，花蕾腹部裂开，花朵由裂口处突出。

第 3~4 天时，花朵完全绽放，共计 5 瓣花瓣，其中上 3 瓣下 2 瓣按中间对称排列，花朵整体呈纯白色。共有雄蕊 4 根，花丝呈白色，花药为棕色；雌蕊呈翠绿色。雌蕊位于雄蕊上方，雄蕊排列松散。

第 5~6 天，花朵外部出现腐烂迹象，花朵外沿开始向内部萎缩。雄蕊松散，雌蕊翠绿色、变宽。

第 7 天，花瓣基本腐烂脱落，部分粘连在萼片处，雄蕊松散未脱落，雌蕊翠绿、变宽。

第 8 天，雄蕊逐渐脱落，粘连组织基本脱离，萼片逐渐腐烂（图 3–11）。

第 1 天　第 2 天　第 3 天

第 4 天　第 5 天　第 6 天

第 7 天　第 8 天

图 3–11　白花洋紫荆花期观测

3.3.3　授粉前准备

在花蕾开放前 1~2 天分别在父本植株和母本植株上选择即将开放的花蕾，用镊子去除母本花蕾花瓣和雄蕊，随后对去雄的母本花苞自上而下套上 20 cm × 20 cm 的硫酸纸袋，父本植株花蕾直接套袋。硫酸纸袋口折严并用回形针扎紧，以防选定的亲本花蕾被风吹落或昆虫进入造成污染。

3.3.4 花粉准备

3.3.4.1 花粉收集

在父本花蕾绽放前，花药尚未自然散开时，进行花药收集。取下硫酸纸袋，用镊子轻轻剥开花瓣露出雄蕊，然后用镊子摘下花药，将花药盛放在预先准备好的塑料盒中保存，标记父本植株编号、花色及花药采摘时间。父本花药收集结束后，用酒精及纸巾将镊子擦拭干净，灭活残留的花粉，可再进行下一株父本花药的采摘，收集花药时应注意避免种间花药混杂。

3.3.4.2 花粉活力测试

使用 MTT 测试花粉活力，MTT 的浓度为 5 g/L，pH 值 7.0，染色温度 30 ℃。将采集的花粉分装在已编号的凹玻片中，滴加 1~2 滴 MTT 液染色 10 min，用显微镜观察其染色情况并拍照。每次染色制作 3 个玻片作为 3 次重复，每次重复随机取 5 个视野（花粉粒 30 粒以上）观察，根据花粉染色程度分别记数，统计染色率。结果显示花粉染色率基本在 90% 以上，表明盛花期花粉具有较高的萌发力。

3.3.4.3 花粉处理保存

采集花药后，置于室温下经 2~3 h 自然阴干，当花药完全开裂或大部分散出花粉时，收集于干净的玻璃瓶，封严后贴上标签，标注父本植株编号、花色及采粉时间。通常于采集花粉当日进行授粉，羊蹄甲属花粉活力降低较快，需进行低温保存。

3.3.5 人工授粉方法

在母本花蕾开花当日上午进行授粉，此时母本花蕾柱头有大量的黏液，为最佳的授粉期。授粉时取下硫酸纸袋，用棉棒蘸取少量花粉点在雌蕊柱头部位。此过程中要避免碰伤雌蕊，以免影响授粉效果。授粉结束后，立即套上 20 cm × 20 cm 的硫酸纸袋。套袋后可在花枝上挂小纸标牌，一般使用约 3 cm 的圆形标签或约 3 cm × 2 cm 的矩形标签，用线系在花或花蕾的基部。标签上注明以下内容：人工授粉日期、母本名称后加叉号（×），后面为父本名称。例如，A × B 表示 A 是母本，B 是父本。7 天之后拆下硫酸纸袋子观察授粉的花蕾，如花蕾脱落或雌蕊长度未见明显变化，说明授粉失败；如雌蕊明显膨大伸长则说明授粉成功，可为授粉成功的花蕾套上 30 cm × 20 cm 纱网，防止虫害和脱落。

3.3.6 种子收集与播种

4 月底种子发育成熟，用枝剪将荚果剪下，置于日光下晾晒，并于干燥处保存，10 天左右开裂，将种子收集置于网袋中，标注杂交信息，种子即采即播。

3.4 培育出的新品系

经调研了解，目前，羊蹄甲属研究人员选育出的遗传稳定的新品系如图 3-12。

图 3-12　羊蹄甲属新种质培育

A. 羊蹄甲花色新种质；B. 羊蹄甲杂交多瓣新种质及对比图；C. 洋紫荆大花形和新花色；D. 白花洋紫荆四倍体及对比图；E. 红花首冠藤新品系；F. 母本：嘉兰羊蹄甲；G. 杂交子代；H. 父本：十蕊羊蹄甲

参考文献

李合生，2002. 现代植物生理学［M］. 北京：高等教育出版社 .

宋海鹏，刘君，李秀玲，等，2010. 干旱胁迫对 5 种景天属植物生理指标的影响［J］. 草业科学，27(01):11-15.

孙铁军，苏日古嘎，马万里，等，2008.10 种禾草苗期抗旱性的比较研究［J］. 草业学报，4:42-49.

唐洪辉，魏丹，赵庆，等，2017. 干旱胁迫对宫粉羊蹄甲生理指标的影响［J］. 中南林业科技大学学报，37（4）：7-13.

魏丹，唐洪辉，赵庆，等，2016. 宫粉羊蹄甲种质资源的综合评价研究［J］. 林业与环境科学，32(5):22-30.

薛建辉，苏敬，刘金根，等，2009. 5 个常绿阔叶园林树种对低温变化的生理响应［J］. 南京林业大学学报 (自然科学版)，33(4): 38-42.

杨爱国，王漫，付志祥，等，2018. 电导法协同 Logistic 方程测定不同品种桑树抗寒性［J］. 湖南林业科技，45(1):28-31+59.

杨之彦，2012. 广东羊蹄甲属木本花卉资源及园林应用研究［D］. 广州：华南农业大学 .

第 4 章　羊蹄甲属植物栽培管护

羊蹄甲属喜温暖、湿润、阳光充足的环境；适宜在肥沃、排水良好的砂质壤土中生长。在园林栽培管护条件下，生长速度快，适应能力强。

4.1　繁殖方法

植物的繁殖方式分为有性繁殖和无性繁殖两种。

有性繁殖又叫种子繁殖，是指利用种子播种的形式来繁育后代，其特点是一次可获得大量苗木，种子采集、贮藏、运输都比较方便。而且由种子繁殖所育成的实生苗生长旺盛、寿命长、适应性和抗性强；但是存在开花结果迟、有较大的遗传变异性、不能稳定地保持亲本原有性状的特性。可结实的羊蹄甲属植物，都可通过种子繁殖进行繁育。

无性繁殖是指以植物的营养器官（茎、芽、根等）的一部分为材料，通过嫁接、扦插等方法产生新植株，或采用组织培养法进行离体繁殖产生后代（刘德良等，2014）。无性繁殖的特点是能保持母本的优良性状和缩短童期。对于结实量小、不结实或不产生有效种子的植物，通过无性繁殖进行育苗，提高生产苗木的成效和繁殖系数。无性繁殖的方法主要有分株、扦插、嫁接、压条和组织培养 5 种。其中，扦插、嫁接在羊蹄甲属的繁育生产中最为常用。

生产实践中应根据苗木培育的不同需求，选择不同的繁殖方式。

4.1.1　种子繁殖

种子繁殖适用于羊蹄甲属大部分植物，本章以羊蹄甲为例，介绍羊蹄甲属种子繁殖技术。

4.1.1.1　圃地准备

（1）整地作床。整地包括翻土、平整、起畦。可选择土层深厚、土质疏松肥沃、排水良好的砂壤土为播种地。整地后修筑苗床，苗床宽 0.8~1.0 m、高 30~35 cm 为宜，苗床间设 25~30 cm 宽的步行沟，兼排水之用。苗床做好后，再次整细整平，参照《羊蹄甲属木本花卉栽培技术规程》（DB44/T 1789—2015）。

（2）土壤消毒。播种前进行土壤消毒，灭杀地下害虫和病菌。对苗床土壤消毒可使用0.3%~0.5% 高锰酸钾溶液进行消毒，消毒之后对土壤进行暴晒（胡柔璇等，2016；DB44/T 1789—2015）。

4.1.1.2 种子准备

（1）种子采收。以羊蹄甲为例，筛选性状优良的母株，选择 5~20 年树龄、生长良好、发育健壮、主干通直、粗壮、无病虫害的优良母树。荚果变浅褐色还未开裂时采种，采种期在 4 月中旬至 5 月上旬。果实收集后置通风干燥处，晴天晾晒，待果实开裂后收取种子。羊蹄甲种子的千粒重约 260 g，新鲜时呈褐色，种子质量分级按《林木种子质量分级》（GB 7908—1999）执行，种子检验按《林木种子检验规程》（GB 2772—1999）执行。

（2）种子消毒。播种前用 0.3%~0.5% 的高锰酸钾溶液对种子进行 0.5 h 的浸泡消毒处理。

4.1.1.3 播种

（1）播种时间。一般采用即采即播的方式，种子发芽率超过 85%，经过筛选的种子发芽率超过 95%。随着种子保存时间的推移，发芽率会逐渐降低（胡柔璇等，2016）。

（2）播种方法。播种方法有撒播、条播和催芽后直接点播。条播行距为 10 cm，将种子均匀地播种于苗床上行内，种子不重叠，播种后轻轻撒一层细沙覆盖种子表面，厚度以能盖过种子为宜。

（3）播种后管理。播种后喷水保持湿润，3~5 天可发芽。芽苗出土后合理控制密度，及时疏除苗床中过弱、过密的幼苗，使幼苗分布均匀。

4.1.2 扦插繁殖

扦插繁殖适合羊蹄甲、洋紫荆、黄花羊蹄甲和嘉氏羊蹄甲等。本节以洋紫荆为例，介绍羊蹄甲属植物扦插繁殖技术。

4.1.2.1 插穗准备

（1）插穗选择。选取 0.5~1 年生半木质化的优良母株枝条，要求枝条健壮、组织充实、叶片完整、叶芽饱满、无病虫害。采集后要注意枝条的保湿。

（2）插穗制备。每个枝条剪 10 cm 左右保留 4 个以上芽位，枝条的上端截成平面，剪口应在节上 1 cm 处，下端在靠近茎节部剪成斜口，枝条保留 1~2 片叶片，剪去叶片的 2/3。

4.1.2.2 扦插

（1）扦插时间。春季、夏季和秋季均可进行扦插，以秋季为佳，注意避开花期前后。

（2）扦插方法。扦插密度为 8 cm × 10 cm，插穗的深度为 4~6 cm，以地上穗条保留 2 个叶芽为宜。将穗条斜口的一端放入浓度为 100 mg/L 的吲哚丁酸生长剂溶液中，浸泡至插穗条 2/3 处，浸泡时间为 1 h。扦插时，用木签在基质上先插孔，放入插穗后将周边土压实，喷水使枝条保持湿润。

（3）扦插后的管理。采取适当的措施调节控制温度、湿度及光照，扦插之后用薄膜覆盖，并且加盖遮阳度为 50%~80% 的遮阳网，当温度过高时需将四周的薄膜掀开透气，将苗床温度控制在 25 ℃左右，高于 28 ℃时，可增加喷水次数和时间，采用简易喷淋系统和人工喷水相结合控制湿度，基质应保持半湿润状态。

经过落叶、发叶芽、长新叶、基部膨大，20 天左右开始生根，约 1 个月之后进行移苗，接受全光育苗，注意施肥、病虫害防治，成活率超过 70%。初生根的插条，对环境的变化比较敏感。春季扦插时，枝条萌发快，做好温度湿度控制。在夏季扦插时要留意台风天、暴雨天的影响，注意排涝，防止生根枝条根部腐烂，除注意保湿控温外，还要逐渐增加光照，促进根系和地上部分的正常生长。秋季扦插时，保持湿度显得尤为重要，大棚四周密封薄膜保温保湿，利于生根后的苗木生长。根部生长粗壮之后开始进行移栽，移栽时根部保留粗壮的主根，保留根长 4~5 cm，为减少蒸腾，叶片保留 1/3。移苗之后做好施肥、病虫害防治，管理措施与播种苗相同（魏丹等，2016；DB44/T 1789—2015）。

4.1.3 嫁接繁殖

嫁接繁殖是用植物营养器官的一部分，移接于其他植物体上。供嫁接用的枝或芽称为接穗，承受接穗的植株叫砧木。以枝条作接穗者称为枝接法；以芽为接穗者称为芽接法。不论用枝接或芽接法繁殖的园林苗木统称嫁接苗。本属植物嫁接繁殖表现良好，嫁接也是目前红花羊蹄甲和黄花羊蹄甲的主要繁殖方式，一般通过枝接或芽接来进行。本节以红花羊蹄甲为例，介绍羊蹄甲属植物嫁接繁殖技术。

4.1.3.1 接穗准备

（1）接穗选择。接穗选取树龄大于 5 年，枝条着生于树冠外层，半木质化、芽眼饱满无病虫害的当年生穗条，保证留有叶片和 2~3 个饱满的叶芽。

（2）接穗制备。采穗应于清晨或傍晚进行，用湿布包裹穗条，保持湿润，减少蒸腾，置阴凉处保存备用。穗条采下后要求 1~2 天内完成嫁接，以保证成活率。

（3）砧木选择。受遗传因素影响，一般选择亲缘关系比较近的砧木嫁接。通常选择生长发育健壮的羊蹄甲或洋紫荆作砧木。

（4）砧木准备。嫁接前 2 天及时给砧木淋水，使植株接芽和皮层水分充足，嫁接时易剥离形成层。

4.1.3.2 嫁接

（1）嫁接时间。嫁接的时间避开花期和雨季，枝接一般在冬季的小寒和大寒期间进行，芽接一般在 6~8 月进行。

（2）嫁接方法。根据嫁接材料可分为枝接和芽接。枝接在接穗基部削出两个面：一面是 2~3 cm 的平行切面；一面是 1 cm 的小斜面，注意削出的切面要平滑。将砧木从用枝接刀垂直劈开小口，劈开的位置稍宽于接穗的宽度，然后把接穗基部长削面向里，插入砧木的切口内，并将两侧形成层对齐。若接穗较细，则至少保证一侧形成层对准密接，接穗上部露白 0.5 cm，容易愈合，然后用薄膜条将枝条和砧木接口捆紧（胡柔璇等，2016）。芽接先在接穗芽上方

0.5~1.0 cm 处横切到木质部，再在芽下方约 1 cm 处往上削至横切口，削成上宽下窄盾形芽片，芽片可稍带点木质部。在砧木的树皮切“T”字形，切口深度到韧皮部，用左手拿接穗，右手捏住芽柄，使叶柄朝上插入砧木的“T”，插入芽片与砧木靠紧为宜，然后用薄膜条将芽片缠紧，注意将叶柄留在外边。

根据砧木的嫁接位置不同，嫁接方法可以分为高位嫁接和低位嫁接两种方式。高位嫁接一般针对 3 年以上的粗壮砧木，在约 2.0 m 处截断主干，选择顶端光滑树干进行枝接，是一种培育大苗的方法，可快速形成树冠，缩短育苗周期。低位枝接常用 1~3 年生砧木，在地上 10~15 cm 处截断主干，选择中间光滑处进行枝接，或在新抽出的半木质化的枝条上进行芽接。实际表现中，低接亲和力更强，苗木生长的更快，其中，低位芽接在生产中更为常用。

（3）嫁接后管理。嫁接后防止雨水进入接口。适当补充水分，及时抹去萌发的砧芽，以促嫁接新梢生长。待 10~15 天观察嫁接成活情况，未成功的要及时补接。接穗芽萌发后，保留一个健壮芽，抹去余芽，待株高超过 2 m 后在 2 m 处截断主干，作为分枝位。

嫁接成活后，每月对嫁接苗木追肥 1 次，以复合肥为主，促进苗木健壮生长。

4.1.4 组织培养

组织培养又叫离体培养，是利用植物细胞全能性的一项无性繁殖技术。它是指从植物体分离出符合需要的组织、器官或细胞、原生质体等，在无菌条件下接种到含有各种营养物质及植物激素的培养基上，培养获得再生的完整植株或具有经济价值的其他产品的技术（刘德良等，2014）。本节介绍洋紫荆和嘉氏羊蹄甲的组织培养体系。

4.1.4.1 洋紫荆

（1）外植体消毒。以洋紫荆的幼嫩枝条为试验材料，在水中浸泡 5 min，刷去表面脏物后，自来水流水冲洗 2~3 h。在超净工作台上，将枝条放入 70% 的酒精中浸泡 10 s，再用无菌水冲洗 5 次，再放入 0.1% 的氯化汞溶液中消毒 8 min，无菌水冲洗 5 次，并用无菌纱布吸干表面水分。将茎段切成长 1~2 cm 的茎段，每个茎段带 1 个腋芽，接种到初代诱导培养基上。

（2）初代培养。经过试验，洋紫荆的最佳初代培养基为 MS+2.0 mg/L 6–BA（6– 苄氨基嘌呤）+0.01 mg/L NAA（1– 萘乙酸），接种到培养基后，约 7 天后腋芽萌动，10~15 天后腋芽长出，高 2.0~3.0 cm。

（3）增殖培养。将带芽茎段诱导的有效芽转移到增殖培养基 MS+1.0 mg/L 6–BA +0.1 mg/L NAA+ 0.5 mg/L IBA（吲哚丁酸）。10 天后有部分茎段的腋芽处开始增殖出新芽。

（4）生根培养。将生长健壮的无根试管苗转移到生根培养基 MS+0.1 mg/L NAA + 1.0 mg/L IBA+ 0.5% 琼脂 +1.5% 蔗糖上进行生根培养。

（5）移栽培养。待幼苗的根伸长至 4 cm 左右，取出生根苗，洗去根部培养基，移栽到温室中，移栽基质配比为黄土∶蛭石∶河沙 =1∶1∶1, 保持湿度在 85% 以上，提高成活率（胡柔璇等，2016）。

4.1.4.2 嘉氏羊蹄甲

（1）外植体消毒。以嘉氏羊蹄甲的幼嫩枝条为试验材料，用自来水冲洗约 2 h。在超净工作台上，加入 2 滴吐温 80① 的 0.1% 氯化汞溶液，消毒处理 5 min，消毒过程中轻微晃动瓶子，无菌水冲洗 6 次后，用无菌滤纸吸干茎段表面的水分，用无菌刀片将经消毒的枝条切成长 1~2 cm 的茎段，每个茎段带 1 个腋芽。

（2）初代培养。把带腋芽的茎段接种在初代培养基上 MS+0.5 mg/L 6–BA+0.05 mg/L NAA，8 天后腋芽开始萌动，15 天后抽出腋芽，芽苗粗壮，其诱导率可达 80%。

（3）增殖培养。将芽苗切下后种到培养基为 WPM+0.50 mg/L 6BA+0.40 mg/L IAA（吲哚乙酸），15 天后开始萌发增殖芽，增殖系数高达 4.62。增殖芽生长健壮，嫩绿且无玻璃化现象。

（4）生根培养。将试管苗接种到生根培养基 1/2MS+1.00 mg/L 6–BA +0.50 mg/L NAA+0.10 mg/L IAA +15 g/L 蔗糖 +7 g/L 卡拉胶上，15 天后，试管苗基部生根，其平均生根率可达 80%。

（5）移栽培养。生根 25 天后，在光照培养室中打开瓶盖约 3 天，用镊子将组培苗夹出，用清水轻轻清洗基部残留的卡拉胶，移栽到装有黄心土：泥炭：珍珠岩 =1∶3∶1 的混合基质育苗盘中，并保持湿度在 85% 以上，提高成活率。

4.2 种苗培育

园林绿化工程苗木常分为袋苗、地栽苗和假植苗。

4.2.1 袋苗培育

袋苗一般指苗龄较短的容器苗，多数用植树袋培植，发育程度低、生物活性强、方便运输，适合短期展示。羊蹄甲属乔木的袋苗常用于山地风景造林。

4.2.1.1 容器与基质选择

育苗容器可选用规格为 8 cm × 10 cm 的半降解性无纺布育苗袋或规格为 7 cm × 14 cm 的聚乙烯薄育苗袋，基质通常为 50% 黄心土与 50% 的轻基质材料（泥炭土、蛭石等）均匀混合。

4.2.1.2 苗木选择

待芽苗、扦插苗、嫁接苗或组培苗等长至 2~3 片真叶，苗高为 3~5 cm 时即可上袋。

4.2.1.3 移植方法

晴天移植可在早、晚进行，移苗前 1~2 天将育苗袋内基质淋透水。移苗时，用竹签起苗，每袋种植 1 株，移植后淋足定根水。

4.2.1.4 移植后管理

（1）灌溉。移植 7 天内每天早、晚淋水保持土壤湿润；7 天后，每天 16∶00 后淋透 1 次水。

① 一般指聚山梨酯 –80。

（2）遮阳。在光照较强的地方应用 75% 透光率的遮阳网遮蔽，15 天后逐渐拆除遮阳网。

（3）施肥。移苗 1 个月后，进行施肥催苗。开始用 0.1% 浓度的尿素，随着幼苗的长大，浓度可逐渐提高到 0.3% 并加入复合肥、磷酸二氢钾，增强木质化程度。

4.2.2 地栽苗培育

地栽苗一般指生长在苗圃地里未曾断过根的苗木或 3 年内没有经过断根处理、没有进行断根移植的苗木。地栽苗生长速度快，主根明显，起苗后可直接用于园林绿化工程或者二次栽植。地栽苗优点是培育成本低，常在长成大苗后转为假植苗。

4.2.2.1 圃地选择

选择地势空旷、阳光条件充沛、土壤质地疏松、土层深厚、排水状况良好的圃地种植羊蹄甲属植物。

4.2.2.2 苗木选择

选择 1~2 年生苗木，根系完好，苗干健壮，顶芽饱满。

4.2.2.3 移植时间

苗木移植可全年进行，以春季梅雨季最佳，宜在阴天或早、晚进行，尽量避开夏季光照强烈的时段。

4.2.2.4 移植方法

剪开育苗袋，使根部土球保持完整，栽植深度以将根颈埋入土中 1 cm 为准。植入后压实根系周围土壤，以防倒伏及失水。苗木种植前，要按大小分级、分区栽植，使移植后苗木的生长发育均匀，减少分化现象，便于管理，提高苗木出圃率。

4.2.2.5 移植后管理

（1）灌溉。移植后，马上浇透定根水。如在干旱少雨季节，移植前 1 天先将基质浇透水，第 2 天保持基质湿润但不黏为宜。移植 1 周内，每天 16∶00 后淋透 1 次水。苗木生长期保证有充足的水分供应，水管分布要均匀，能最大限度地满足生长季节苗木对水分的要求。雨水较多的季节，要注意排除积水，以防苗木根腐。

（2）遮阳。夏季移植后 1 周内，在光照较强的时段，应用 75% 透光率的遮阳网遮蔽，防止幼苗叶片晒伤。

（3）扶苗。初移植的苗木，由于主干细软、移植地土层疏松等原因，往往出现苗木歪倒倾斜现象，需及时扶正，可用篙竹支撑扶直主干。

（4）施肥。移植 1 个月后开始施肥，开始以尿素为主，复合肥为辅，宜淡不宜浓，以促进苗木的快速生长。当年 9~10 月以复合肥或钾肥、磷肥为主，有利于苗木木质化、茎生长。薄肥多施，如移植环境土质贫瘠、有机质含量少，可适当增施有机肥，防止土质板结，有利于保水保肥。

（5）整形修剪。移植半年后及时剪除侧枝，对生长较弱的苗木可在翌年春季将主干自基部截干，促其萌发新芽后保留 1 个健壮通直的新枝作主干。主干未能直立前，需立支柱固定植株，使主干通直。大苗主干生长达到 3.5 m 后，可在 2.5 m 以上进行截干，进行树冠定型。

4.2.3 假植苗培育

假植苗是指地栽苗经过断根处理后，用围板、红砖或容器作为定根器将根部土球固定的苗木，可放置在地面上，或者浅埋。假植苗根系由于长时间集中在土球中，主根不明显而毛细根多，生存能力强适合移植，但是生长速度较地栽苗慢很多，而且十分依靠起苗时保留的土球补充营养。假植苗木园林移植成活率高，缓苗期短，对园林养护要求较低。

假植分为临时假植和长期假植。临时假植是起苗后或栽植前进行的假植，也称短期假植；如果秋季起苗，春季栽植，需要越冬的假植，称为长期假植或越冬假植。

4.2.3.1 苗木选择

一般选择苗龄 3 年以上的大苗进行假植。

4.2.3.2 起苗时间

以春季最佳，宜在阴天或者雨后进行，尽量避开夏季高温天气。

4.2.3.3 假植方法

用无纺布等材料对苗木起挖的土球，进行缠绕固定，种植在假植沟里，称为地下假植。假植沟选背阴、排水良好的地方，沟深、宽各为 30~50 cm，长度依苗木数量而定。用湿土覆盖根系和苗茎下部，并踩实，以防透风失水。

将苗木植在容器后，排列在地面并用支架支撑的假植方式，称为地上假植。

4.2.3.4 假植后管理

假植苗和地栽苗的管理方法基本相同，但比地栽苗需要增加水肥管理。

4.3 园林栽植与养护

4.3.1 出 圃

4.3.1.1 断根修枝

地栽苗在出圃前 0.5~1 年需进行断根处理，一般在 10~11 月上旬进行，一般在根部外侧 3~5cm 处，开沟并切除水平分布根系总量的 30%~50%，对较大断根进行防腐处理后，回填肥沃土壤，分层踏实，一次性浇足水。在不影响观赏效果的前提下，宜对树体进行合理修剪缩冠，剪去的树冠不超过 1/4 为宜，尽量保留全冠。假植苗采用同样的修枝处理，同时需检查育苗袋是否穿根，如已经穿根，也需进行断根处理。

4.3.1.2 起苗

生长期或胸径 3 cm（含 3 cm）以上的地栽苗，需带土球挖移，选择初冬至翌年早春之间进行。挖掘时如遇干旱宜提前 3 h 浇一次透水，一般情况下土球的直径是苗木胸径的 5~10 倍，在非适宜移植时期，土球的大小应该适当增大，增加成活率。

4.3.1.3　束冠

对苗木树冠进行必要的修剪，地栽苗一般摘掉 2/3 的叶片，假植苗适当修剪。用草绳将苗木树冠适度捆拢，以防止挖运过程中损坏。束冠前做好主观赏面标记。

4.3.1.4　吊装运输

对苗木吊装绑缚处用草绳等柔软材料包扎保护，包装完毕之后，对土球进行喷水、保湿，避免运输途中苗木失水。吊装时宜轻吊慢放，避免损伤树体和破坏土球。吊入运输车辆后，装运高度在 2 m 以下的土球苗木，可以立放；2 m 以上的应斜放。土球底部垫上稻草等缓冲材料，用绳子固定，并采取适当防晒保湿、通风透气措施。运输应该尽可能选择夜间，防止太阳过度照射使树木大量散失水分。

4.3.1.5　苗木检验和检疫

根据《植物检疫条例》等国家法律、法规规定，向产区外调运的苗木，须对出圃苗木进行质量检验和检疫，取得苗木生产经营资质证书、苗木检验证书、苗木检疫证书和苗木标签。

4.3.2　园林栽植

4.3.2.1　栽植时间

绿化用苗栽植可全年进行，以春季雨季最佳，宜在阴天或早、晚进行，尽量避开夏季高温天气。

4.3.2.2　栽植方法

在进行栽植之前，应检查种植穴是否符合该树种的栽植要求，不符合的应调整，栽植时要扶正苗木。苗木栽植后应进行一定支撑，支撑高度应该和苗木规格相适应，种植之后立即浇水补充水分，同时保证根系和土壤紧密贴合，促进根系恢复。

4.3.2.3　灌溉

绿化苗木完成移植之后，淋足定根水，如遇天气干旱，要连续浇水 3 次以上，提升苗木成活率。

4.3.2.4　施肥

绿化苗木完成移植之后，短时间内不能施肥，可用吊针补充营养液，以提高移植成活率，参照《园林绿化养护管理技术规范》(DBJ 440100/T 14—2008)。3 个月后，开始施肥。

4.3.3　园林养护

4.3.3.1　灌溉

日常灌溉应根据天气情况合理浇水，夏季应避开中午烈日，浇水做到一次浇透，相对均匀，不出现明显的局部积水现象；暴雨后应注意排除周围的积水；夏季空气干燥时，宜适当进行叶面喷雾。灌溉用水必须不低于 V 类水水质标准，参照《地表水环境质量标准》(GB 3838—2002)、参照《园林绿化养护管理技术规范》(DBJ 440100/T 14—2008)。

4.3.3.2 施肥

（1）施肥时间。施肥应避免在雨天进行。每年宜施肥 2~4 次，春秋两季是重点施肥时期。观花木本植物应分别在花芽分化前和开花后各施肥一次。

（2）肥料选择。施用肥料应以复合肥料和有机肥为主，速效与持效、针对性与全效肥料相结合保证各种养分满足植物生长的需要。营养生长期应多施氮肥，花芽分化期应少施氮肥，多施磷、钾肥；观花类乔木多施磷、钾肥以促进开花结果；冬季前多施钾肥。施肥宜在晴天进行。

（3）施肥方法。施肥视情况可采用沟施、撒施、穴施、灌施和叶面施肥。沟施、撒施或穴施均应用土覆盖肥料，宜在施肥后进行一次灌溉。除叶面施肥，肥料不得触及叶片，参照《园林绿化养护管理技术规范》(DBJ 440100/T 14—2008)。

4.3.3.3 整形修剪

通过修剪调整树形，均衡树势，可以调节苗木通风透光和水肥分配，促使苗木茁壮生长。

（1）修剪类型。根据苗木的不同物候期、应用目的与树种的特性采取不同修剪策略，通常根据苗木的生长周期分为休眠期修剪和营养生长期修剪。

休眠期修剪在春芽萌发前的半个月左右进行，截掉部分老枝，保持丰满株形，充分利用立体空间，促进春芽萌发长成健壮新梢，促使多开花。休眠期修剪以整形为主，宜重剪。

营养生长期修剪指在苗木生长季节或开花以后修剪，能促使秋梢萌发，有利于培育冬季开花的健壮母枝。营养生长期修剪以调整树势为主，宜轻剪。有伤的苗木不宜在营养生长期修剪，宜在休眠期修剪。

（2）修剪方法。日常针对羊蹄甲属园林植物的修剪包括去除病虫枝、徒长枝、内膛枝、伤枝、荫枝、下违枝、下缘线下的萌蘖枝及干枯枝叶等，改善植株枝冠内的通风、透光条件。除特殊需要，一般不宜作过度修剪。修剪时应从树冠的丰满、圆整、分枝均衡考虑。修剪的剪口必须靠近节位，剪口应在剪口芽的反侧，且呈约 45°。剪（锯）口应平齐，做到不劈不裂，不留残桩。当剪（锯）直径大于 6 cm，剪口应作防腐处理。

（3）修剪造型。一般对于羊蹄甲属园林类植物修剪以自然树形为主。因特殊观赏需要，可根据树木生长生育的特性，对植物进行整形，将树冠修剪成设计的形状。修剪应遵循“先上后下，先内后外，去弱留强，去老留新”的原则，促使其枝条分布均匀、疏密得当，树形丰满。洋紫荆等乔木的胸径在 13 cm 以下时，每年修枝整形 2~3 次；胸径在 13 cm 以上后，保证每年修枝整形 1~2 次；灌木类如黄花羊蹄甲、丽江羊蹄甲等通常可以修剪成绿篱或灌木球的形状；首冠藤、龙须藤等藤本根据造景需要适当修剪（《园林绿化养护管理技术规范（DBJ440100/T 14—2008）》；胡柔璇等，2017）。

4.3.3.4 防风害处理

（1）树木支撑。沿海地区每年台风季节前，要求对栽植于城市公共绿地中的羊蹄甲乔木树种进行四脚辅助支撑等措施，以防御和减弱台风对树木有侵击带来的风害。

（2）适度修枝。根据当年的台风预测，结合苗木的整形修剪计划，在台风季节前，加强树木树冠体量及透风性管理，保留 2~3 级分枝，及时修剪过多过密的 4 级枝及内膛枝，降低林冠枝叶密度，促进强风快速穿过树冠，减小风压给树体带来的压力（魏玉晗等，2020）

参考文献

华南农业大学，2015. 羊蹄甲属林花开栽培技术规程（DB44/T 1789—2015）[S]. 广州：广东省市场监督管理局.

广州市政园林局，2008. 园林绿化养护管理技术规范（DBJ440100/T 14—2008）[S]. 广州：广州市质量监督局.

胡柔璇，邹伟杰，王裕霞，等，2016. 洋紫荆的栽培技术研究 [J]. 绿色科技，23:41-44.

胡柔璇，杨清，魏丹，2017. 羊蹄甲的修剪技术 [J]. 防护工程，16:382.

华晨曦，2016. 市政绿化树木移植施工技术探讨 [J]. 现代园艺，22:34.

金雅琴，张祖荣，2012. 园林植物栽培学（第二版）[M]. 上海：上海交通大学出版社.

黎兆海，曾凡海，何志红，2016. 洋紫荆施肥试验及经济效益分析 [J]. 中国园艺文摘，32(12):3-6.

刘德良，廖富林，2014. 园林树木栽培学 [M]. 北京：中国林业出版社.

苏东霞，2013. 红花紫荆的繁育及栽培技术 [J]. 中国园艺文摘，29(5):169-170.

魏丹，唐洪辉，赵庆，等，2016. 景观树种宫粉羊蹄甲的扦插育苗试验 [J]. 森林工程，32(1):1-5.

姚继忠，2004. 洋紫荆繁殖技术初探 [J]. 广西热带农业，4:34-35.

魏玉晗，魏丹，文才臻，等，2020. 台风灾害对广州市宫粉紫荆等绿化树种的影响分析——以台风“山竹”为例 [J]. 林业与环境科学，36(03):86-91.

Davidescu V E, Caretu G, Madjar R M, et al., 2003. The influential of substrate and cutting period on the propagation of some ornamental species [J]. Acta Horicultural, 608:273-277.

Ranjit Singh , P S Negi, M C Arya, et al., 2012. Propagation techniques of crataegus crenulata: a multipurpose plant of mid Himalayan Hills [J]. Indian Forester, 138(2):169-175.

第 5 章　羊蹄甲属植物有害生物防治

针对羊蹄甲属植物有害生物的防治，应遵循“预防为主，综合防治”的基本方针，达到“有病虫不成灾”的管理目标；抓住主要有害生物，充分考虑兼治；根据病害发生规律，抓住关键防治时期集中力量解决对生产危害最大的有害生物，进行有计划有步骤的科学综合防治；倡导使用农业防治、物理防治和生物防治技术相结合的综合防治技术，尽量减少高毒化学药剂的使用量，以实现绿色防控和生态调控的目标。

5.1　常见虫害及防治

羊蹄甲属植物已报道的主要虫害有斜纹拟木蠹蛾、大造桥虫、大窠蓑蛾、小窠蓑蛾、螺纹蓑蛾、褐边绿刺蛾、黄刺蛾、扁刺蛾、棉古毒蛾、棕斑澳黄毒蛾、南洋臀纹粉蚧、螺旋粉虱。

5.1.1　斜纹拟木蠹蛾

【学名】*Indarbela obliquifasciata*

【分类地位】鳞翅目 Lepidoptera 拟木蠹蛾科 Metarbelidae

【危害症状】该虫喜好危害洋紫荆，低龄幼虫危害树木的主干和分枝部分树皮，吐丝缀连虫粪和枝干皮屑做成虫道，沿取食部位栖身于虫道或树皮缝隙内，白天隐匿于虫道内，夜晚沿虫道隧道爬出啃食树皮，3 龄以后钻蛀树干木质部，导致树势减弱，严重时，可导致树枝干枯，甚至整株枯死（图 5–1）。

【形态特征】成虫：雌成虫体长 18~20 mm，翅展 38~41 mm。触角双栉齿状，体灰褐色，刚羽化的虫体披浓密长柄状扇形鳞片，端部宽扁；胸背和前翅近前内缘灰褐色，腹末端被浅褐色长鳞片。足粗短，各足内侧被白色鳞片，外侧被灰色鳞片，前足灰色鳞片甚浓密。成虫口器退化，腹部及前后翅均灰白色。前翅具灰褐色斑纹，中部具一较大的长条状黑色斑。成虫鳞片随虫体活动容易脱落，后期体色逐渐变淡至灰白色。卵：扁圆形，乳白色，长 0.9~1.1 mm，宽约 0.7 mm。幼虫：头部及体节黑色，老熟幼虫体长 36~42 mm。蛹：长 15~18 mm，黑褐色。腹部各节具锯齿状齿环，用于蛹体在虫道内扭动前行。头部表面具粗糙颗粒，顶部两侧各具 1 个粗大突起（图 5–2）。

图 5–1　斜纹拟木蠹蛾幼虫的危害状

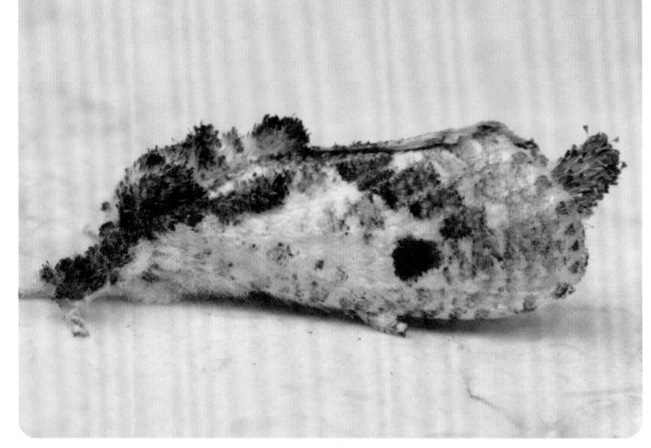

图 5–2　斜纹拟木蠹蛾幼虫（左）和成虫（右）形态

【生活史及习性】在广州 1 年 1 代，幼虫通常仅在一棵树上危害，具有群集为害性。以老熟幼虫在虫道内越冬，老熟幼虫化蛹前在虫洞开口处虫粪堆积加厚，羽化时头胸部蛹壳裸露坑道外。2 月下旬开始化蛹，3 月为化蛹高峰期，成虫多在 3~6 月羽化，4~5 月为羽化高峰期，6

月上旬全部羽化完毕，成虫有趋光性。成虫一般将卵产在树干和枝条的树皮裂缝、伤口或腐烂的树洞边沿及伤口部位，卵块鳞片状排列，卵期一般 10~15 天。

【防治方法】①检疫管理：加强针对该虫的检疫管理，防止带虫苗木进一步扩散。②物理防治：包括灯光诱杀、人工摘除幼虫和蛹等。③生物防治：采用白僵菌等进行喷雾和堵孔防治。④药剂防治：采用高效低浓度的胃毒、触杀性杀虫剂喷洒防治低龄幼虫效果最佳。

5.1.2 大造桥虫

【学名】*Ascotis selenaria*

【别名】棉大造桥虫

【分类地位】鳞翅目 Lepidoptera 尺蛾科 Geometridae

【危害症状】该虫以幼虫取食叶片危害，1~2 龄幼虫仅啃食叶片成小洞，大龄幼虫啃食叶片形成缺刻，大发生时只剩主叶脉，影响树木树势，甚至导致树木枯死。

【形态特征】成虫：体长 15~20 mm，翅展 26~48 mm。体色变异较大，一般为淡灰褐色。复眼大，圆形，前翅后缘平直，后翅外缘弧形波曲。雌蛾触角线状，雄蛾触角双栉齿状。卵：长 1.7 mm，椭圆形，表面具纵向排列的花纹，初产时翠绿色，孵化前变成灰白色。幼虫：6 个龄期，老熟幼虫 38~55 mm，体表光滑，体色变化较大，由黄绿色变为青白色，头褐色，头顶两侧有 1 对黑点，背线淡青色或青绿色。腹部第 3、4 节上具有黑褐色斑，第二腹节背面有 1 对较大的棕黄色瘤突，第 8 腹节背面同样有 1 对略小的瘤突。蛹：长 14~19 mm，黄褐色至深褐色，臀棘末端着生 2 个小刺（图 5-3）。

【生活史及习性】广东地区 1 年发生 5~6 代，以蛹在土中越冬。成虫多在夜晚羽化，白天静伏在树干上，有较强的趋光性，不擅飞行。卵多聚产在树皮裂缝处或枝杈上，卵块上披绒毛。初孵幼虫不取食时多停留在叶部顶端或叶缘，可吐丝随风飘荡扩散，幼虫受惊后吐丝下垂，随风扩散到其他植株上。

图 5-3 大造桥虫幼虫（左）和成虫（右）形态

【防治方法】①物理防治：发生严重的林地可进行人工挖蛹或刮取卵块；成虫盛期利用黑光灯或频振式杀虫灯诱杀成虫。②生物防治：使用32000IU/毫克苏云金杆菌可湿性粉剂1000~2000倍液进行喷雾防治。③药剂防治：2~3龄幼虫期，可用25%灭幼脲可湿性粉剂，或20%氰戊菊酯乳油1000~2000倍液进行喷雾防治。

5.1.3 大窠蓑蛾

【学名】*Clania variegata*

【中文别名】南大蓑蛾、大蓑蛾、大袋蛾

【分类地位】鳞翅目 Lepidoptera 蓑蛾科 Psychidae

【危害症状】幼虫在护囊中咬食羊蹄甲叶片和嫩梢，常见集中危害。

【形态特征】成虫：雌雄异型，雌虫虫体肥大，蛆状，淡黄色或乳白色，触角退化，无翅、足。雄成虫黑褐色，触角羽状，前翅红褐色，近前缘有4~5个半透明斑，后翅有褐色斑纹。卵：椭圆形，淡黄色，有光泽。幼虫：3龄幼虫形态明显区别，雌虫肥大，虫体背部两侧各有1个赤褐色斑，雄虫虫体中央有1个白色“人”字形花纹。蛹：雌雄异型，雌蛹红褐色，形似蝇类围蛹；雄蛹细长，腹末弯曲；袋囊丝质坚实，囊外附有较大的碎叶片（图5–4）。

图5–4 大窠蓑蛾幼虫（左）及蓑囊（右）形态

【生活史及习性】在华南地区1年2代，以老熟幼虫在枝叶上的护囊内越冬，直接产卵于护囊内；幼虫孵化后从护囊内爬出，通过吐丝下垂并随风漂移他处后，自做护囊，护囊大小随着虫龄的增大而逐渐增大，幼虫头和足伸出囊外爬行进行取食和活动。

【防治方法】①物理防治：及时摘取虫囊，集中烧毁。②生物防治：利用寄生蜂等天敌昆虫防治，或用杀螟杆菌或青虫菌进行喷洒防治。③药剂防治：在幼虫低龄盛期及时喷药，常用药剂有 20% 灭幼脲胶悬剂 1000~2000 倍液，或 50% 杀螟松乳油，或 50% 马拉硫磷乳油 1000~1500 倍液，或 2.5% 溴氰菊酯乳油 2000 倍液，或鱼藤肥皂水 1∶1∶200 倍液等。

5.1.4 小窠蓑蛾

【学名】*Clania minuscula*

【中文别名】茶蓑蛾

【分类地位】鳞翅目 Lepidoptera 蓑蛾科 Psychidae

【危害症状】低龄幼虫取食叶肉，仅留下表皮形成枯斑，中大龄幼虫取食叶片呈孔洞、缺刻状，或为害整个芽梢或嫩茎。

【形态特征】成虫：雄雌异型，雌虫虫体肥大，蛆状，生一对刺突，触角退化，无翅，体长 12~16 mm；雄虫体长 11~15 mm，翅展 22~30 mm，体和翅均为深褐色，触角羽状，前翅近翅尖处和外缘近中央处各有一透明长方形斑。卵：椭圆形，乳黄白色。幼虫：黄褐色，头部颅侧有黑褐色并列斜纹，胸背有 2 个褐色纵条斑，各节侧面有 1 个褐色斑，腹背中部较暗，各节有 2 对黑毛片呈“八”字形排列，臀板褐色。蛹：雌雄异型，雌蛹锤形，深褐色，头小，胸部弯曲，体长 14~18 mm；雄蛹褐色，体长 11~13 mm，腹末弯曲成钩状，臀棘各 1 对，短而弯曲。护囊：护囊外缀结叶屑、细碎片，4 龄幼虫后护囊外紧密黏附许多长短不一、纵向排列的小枝梗（图 5–5）。

图 5–5 小窠蓑蛾蓑囊形态

【生活史及习性】在华南地区 1 年 3 代，以老熟幼虫在枝叶上的护囊内越冬。4~5 月、7~8

月是第 1、2 次危害高峰期，8 月下旬为盛蛹期，9 月上旬为羽化、产卵盛期，第 3 代幼虫于 9 月中旬大量孵出，危害至 11 月中下旬。

【防治方法】①物理防治：及时摘取虫囊，集中烧毁；成虫盛期利用黑光灯等光源诱杀成虫。②生物防治：在幼虫孵化高峰期或幼虫危害期，利用每克含孢子 100 亿的苏云金杆菌溶液喷洒防治；保护和利用寄生蜂等天敌资源。③药剂防治：在卵孵化盛期和幼虫低龄盛期及时喷药，常用药剂有 25% 灭幼脲 3 号胶悬剂 1000~1500 倍液，或 50% 马拉硫磷乳油 1000~1500 倍液，或 50% 辛硫磷乳油 1500~2000 倍液，或 20% 溴灭菊酯乳油 3000~4000 倍液。

5.1.5 螺纹蓑蛾

【学名】*Cryptothelea crameri*

【中文别名】螺旋蓑蛾、儿茶大袋蛾

【分类地位】鳞翅目 Lepidoptera 蓑蛾科 Psychidae

【危害症状】以幼虫取食叶片、嫩枝为害，大暴发时，能短时间内吃光叶片，仅剩光秃枝干，影响树木树势，甚至导致树木枯死。

【形态特征】成虫：雌雄异型，雌成虫体长 11 mm，蛆状，乳白色，无翅、足。雄成虫体长 9~10 mm，翅展约 33 mm，棕褐色，前、后翅灰棕色，前翅翅脉间常带有灰白色，外缘有 3 个白色斑。幼虫：头部褐色，具棕黑色条斑。体污白至淡棕褐色，各节背面有黑褐色点斑，分界线不明显，多皱纹。臀板黑褐色，有 3 对刚毛，腹足白色。蓑囊：30~40 mm，长条状，囊外黏贴有长短粗细较一致的小枝梗或草秆，整齐斜列呈 4 层螺旋状（图 5–6）。

图 5–6 螺纹蓑蛾蓑囊形态

【生活史及习性】在华南地区 1 年 1 代，以老熟幼虫在袋囊内越冬，翌年 4~ 5 月，越冬的老熟幼虫在袋囊中调头向下，未羽化的则继续取食。7 月上旬至 8 月化蛹，7 月下旬至 8 月底羽化，8 月上中旬至 9 月上旬幼虫陆续孵出为害。最后一次蜕皮后，蛹头朝下向着排泄孔，以利于成虫羽化后爬出袋囊。羽化时间常在下午或晚上，雌虫羽化后仍留在袋内，雄虫羽化后，翌日早晨或傍晚与雌虫交配，雌虫产卵于蛹壳内，并在卵上覆盖尾端绒毛。幼虫吐丝下垂，并用丝缠绕身体织袋囊。越冬前将袋囊以丝缠牢固定挂于枝上，袋口用丝封闭越冬。

【防治方法】①物理防治：人工摘取越冬虫囊，集中烧毁，减少虫源；黑光灯诱杀成虫。②生物防治：利用每克含孢子 100 亿的青虫菌或每克 1 亿活孢子的杀螟杆菌喷洒防治；保护和利用寄生蜂等天敌资源。③药剂防治：在卵孵化盛期和幼虫低龄盛期及时喷雾防治，常用药剂有 25% 灭幼脲 3 号胶悬剂 1000~1500 倍液，或 50% 马拉硫磷乳油 1000~1500 倍液，或 50% 辛硫磷乳油 1500~2000 倍液，或 20% 溴灭菊酯乳油 3000~4000 倍液。

5.1.6 褐边绿刺蛾

【学名】*Parasa consocia*

【别名】褐缘绿刺蛾

【分类地位】鳞翅目 Lepidoptera 刺蛾科 Limacodidae

【危害症状】该虫以幼虫取食叶片为害，低龄幼虫聚集取食叶肉，仅留表皮。老龄幼虫逐渐分散为害，从叶片边缘咬食成孔洞或缺刻状，严重发生会吃光全叶，导致树势衰弱甚至死亡。

【形态特征】成虫：体长 15~16 mm，翅展约 36 mm，头和胸部黄绿色，触角棕色，雄触角栉齿状，雌触角丝状，前翅大部分绿色，基部暗褐色，外缘有浅褐色宽带。腹部和后翅灰黄色。卵：扁椭圆形，初产时乳白色，渐变为黄绿至淡黄色。幼虫：略呈长方形，初孵化时黄色，长大后变为绿色。头黄色，甚小，常缩在前胸内。蛹：椭圆形，初为乳白色至淡黄色，后渐变为黄褐色。茧：椭圆形，坚硬，颜色一般多与寄主树皮颜色相似，一般灰褐色至暗褐色。（图 5–7）。

图 5–7 褐边绿刺蛾成虫形态

【生活史及习性】广东地区 1 年发生 2~3 代。以老熟幼虫入土结茧越冬。成虫夜间活动，有趋光性，白天隐伏在枝叶间、草丛中或其他荫蔽物下，卵多产干叶背。每块有卵数 10 粒作鱼鳞状排列。各代幼虫期分别为 6~7 月、8~9 月。幼虫 1~2 龄期群集为害，3 龄后开始分散为害。10 月上旬幼虫陆续老熟。

【防治方法】①农业防治：清除枝干上、杂草中的越冬虫体，破坏地下的蛹茧，以减少下代的虫源。②物理防治：幼虫期为害时人工捕杀；成虫期利用黑光灯诱杀。③生物防治：秋冬季摘虫茧，放入纱笼，保护和引放寄生蜂；用每克含孢子 100 亿的白僵菌粉 0.5~1 kg，在雨湿条件下防治 l~2 龄幼虫。④化学防治：幼虫发生期及时喷洒 90% 晶体敌百虫或 50% 马拉硫磷乳油、25% 亚胺硫磷乳油、50% 杀螟松乳油、30% 乙酰甲胺磷乳油、90% 巴丹可湿性粉剂等 900~1000 倍液。还可选用 50% 辛硫磷乳油 1400 倍液或 10% 联苯菊酯乳油 5000 倍液、2.5% 鱼藤酮 300~400 倍液、52.25% 氯氰 · 毒死蜱乳油 1500~2000 倍液。

5.1.7 黄刺蛾

【学名】*Cnidocampa flavescens*

【别名】洋辣子

【分类地位】鳞翅目 Lepidoptera 刺蛾科 Limacodidae

【危害症状】该虫主要以幼虫取食叶片为害，形成孔洞、缺刻或仅剩叶柄和主脉，严重发生会影响树势，甚至导致树木死亡。

【形态特征】成虫：体长 10~13 mm，体橙黄色，前翅内半部黄色，外半部褐色，两条暗褐色斜线，在翅尖汇合于一点，呈倒“V”字形，内面一条伸至中室下角，为黄色和褐色的分界线，后翅灰黄色。卵：椭圆形，扁平，淡黄色，卵膜上有龟状刻纹。幼虫：老熟幼虫体长 19~25 mm，黄绿色，背面中央有一紫褐色大斑，两端宽，中间细，形如哑铃，体侧有均衡枝刺 9 对，枝刺上有黄绿色毛，各节有瘤状突起，上有黄毛。蛹：椭圆形，粗大，淡黄褐色。茧：椭圆形，质坚硬，灰白色，有黄褐色不规则纵条纹，极似雀卵（图 5–8）。

图 5–8　黄刺蛾成虫形态

【生活史及习性】广东地区 1 年发生 2 代，以蛹在枝干上的茧内越冬。6 月中旬至 7 月上中旬、8 月上中旬分别为第 1 代幼虫和第 2 代幼虫发生盛期。成虫羽化多在傍晚，成虫夜间活动，有趋光性。雌蛾产卵多在叶背，卵多产数粒在一起。幼虫多在白天孵化。初孵幼虫先食卵壳，然后取食叶下表皮和叶肉，剥下上表皮，形成圆形透明小斑，取食面积扩大小斑形成大的斑块。4 龄时取食叶片形成孔洞；5、6 龄幼虫能将全叶吃光仅留叶脉。

【防治方法】①物理防治：人工摘取越冬虫茧，集中处理；黑光灯诱杀成虫。②生物防治：利用幼虫天敌，如白僵菌、青虫菌、质型多角体病毒等。③药剂防治：在幼虫盛发期。使用

50% 辛硫磷乳油 1000~1500 倍液或 50% 马拉硫磷乳油 1000~1500 倍液进行喷雾防治。

5.1.8 扁刺蛾

【学名】*Thosea sinensis*

【别名】中国扁刺蛾、黑点扁刺蛾

【分类地位】鳞翅目 Lepidoptera 刺蛾科 Limacodidae

【危害症状】该虫以幼虫危害植物，幼虫啃食叶肉，稍大食成缺刻和孔洞，严重时将寄主叶片吃光，导致树势衰弱甚至死亡。

【形态特征】成虫：雌蛾体长 13~18 mm，翅展 28~35 mm，体暗灰褐色。触角雌丝状，雄羽状。腹面及足的颜色更深。前翅灰褐色、稍带紫色，中室的前方有一明显的暗褐色斜纹，中室上角有一黑点（雄蛾较明显），后翅暗灰褐色。卵：扁椭圆形，光滑，初为淡黄绿色，孵化前呈灰褐色。幼虫：老熟幼虫体长 21~26 mm，体扁椭圆形，背稍隆似龟背，绿色或黄绿色，背线白色、边缘蓝色，体边缘每侧有 10 个瘤状突起，上生刺毛。蛹：体长 10~15 mm，近椭圆形，前端较肥大，初乳白色，近羽化时变为黄褐色。茧：长 12~16 mm，椭圆形，暗褐色，似鸟蛋（图 5–9）。

图 5–9 扁刺蛾幼虫（左）和成虫（右）形态

【生活史及习性】广东地区 1 年发生 2~3 代，以老熟幼虫在植物树干底部周围的土中结茧越冬。翌年 4 月中下旬化蛹，5 月中旬成虫开始产卵。6 月和 8 月为全年幼虫为害的严重时期。成虫傍晚羽化，有趋光性。卵散产于叶面，幼虫期共 8 龄，初孵幼虫剥食叶肉。5 龄后取食全叶，幼虫昼夜取食，虫口密度大时，常从一枝的下部叶片吃至上部，每枝仅存顶端几片嫩叶。9 月末以后开始下树结茧越冬。

【防治方法】①物理防治：成虫发生盛期利用黑光灯或频振式诱杀成虫。②生物防治：可喷施每毫升 0.5 亿个孢子青虫菌菌液。③药剂防治：在卵孵化盛期和幼虫低龄期喷洒 25% 灭幼脲 3 号 1500 倍液，或 20% 虫酰肼 2000 倍液，或 2.5% 高效氯氟氰菊酯乳油 2000 倍液。

5.1.9 棉古毒蛾

【学名】*Orgyia postica*

【别名】荞麦毒蛾、灰带毒蛾

【分类地位】鳞翅目 Lepidoptera 裳蛾科 Erebidae

【危害症状】该虫为林业和园林上重要的害虫，具有周期性发生特点。主要以幼虫取食植株的新梢和嫩叶，形成缺刻，严重时整个枝梢嫩叶全部吃光，形似火烧，影响树木生长，连续发生危害，可使植物枯死。

【形态特征】成虫：雌雄异型，雌蛾体长 15~17 mm，黄白色，无翅；雄蛾翅展 22~25 mm，棕褐色，触角羽毛状，前翅棕褐色，基线和内横线黑色、波浪形，横脉纹棕色带黑边和白边，外横线黑色、波浪形，前半外弯，后半内凹，亚外缘线黑色、双线、波浪形，亚外缘区灰色，有纵向黑纹，外缘线由 1 列间断的黑褐色线组成。卵：球形，直径 0.7 mm，有淡褐色轮纹。幼虫：老熟幼虫体长 40~45 mm，浅黄色，前胸背面两侧各有 1 黑褐色长毛束，第 8 腹节背面中央有 1 向后斜的棕色长毛束，第 1~4 腹节背面各有 1 黄色毛刷，第 1~2 毛刷基部背面各有 1 宽阔黑色横带，第 1~2 腹节两侧各有 1 灰黄色长毛束，翻缩腺红色。蛹：长约 18 mm。茧：黄色，带黑色毒毛（图 5-10）。

图 5-10　棉古毒蛾幼虫（左）和成虫（右）形态

【危害症状】在广东地区 1 年至少发生 6 代，世代重叠。6~8 月可见各种虫态同时存在，以 3~5 龄越冬，翌年 3 月上旬开始结茧化蛹，3 月下旬始见成虫羽化。雄蛾有较强趋光性，雌蛾产卵于茧外或附近其他植物上。幼虫孵出后群集于植株上为害，后再分散，大发生时可将植物叶子全部食光。

【防治方法】①物理方法：秋、冬季刮取卵块销毁，成虫发生期设置黑光灯诱杀雄成虫。②生物防治：该虫寄生天敌较多，主要有毒蛾绒茧蜂（*Apanteles colemani*）、黑股都姬蜂（*Dusona nigrifemur*）、古毒蛾追寄蝇（*Exorista larvarum*）等。③药剂防治：初龄幼虫聚集为害时期喷药防治效果最好，可用 90% 晶体敌百虫 1000 倍液，或 50% 杀螟松、50% 辛硫磷、50% 马拉硫磷乳油 1500 倍液，或 25% 鱼藤精乳油 400 倍液，或 70% 溴马乳油 3500 倍液等药剂。

5.1.10 棕斑澳黄毒蛾

【学名】*Orvasca subnotata*

【分类地位】鳞翅目 Lepidoptera 裳蛾科 Erebidae

【危害症状】该虫主要危害幼虫取食植物嫩叶，使叶片大面积缺刻，光合作用下降，导致树势减弱，严重时，可导致树枝干枯，甚至整株枯死。

【形态特征】成虫：雄虫体长 7.2~7.9 mm，翅展 16.3~18.7 mm，雌虫体长 9.0~9.8 mm，翅展 24.3~26.2 mm。触角羽状，黄白色，栉齿黄色，头部黄色，胸部浅棕色，前翅棕色，密布黑色鳞片，内线和外线白色，向外呈“S”形。卵：扁圆形，中央略微向下凹陷，直径 0.6 mm 左右，初产卵米黄色，孵化前黑色，卵上附有黄色绒毛。幼虫：5 个龄期，老熟幼虫体长 12.6~20.0 mm，头呈半球形，暗褐色，头部腹面黄色，上唇腹面缺刻，呈“V”形；体呈扁圆筒形，黑色，披刚毛。蛹：椭圆形，长 9.8~1.5 mm，初化蛹体背黑褐色，着白色刚毛。茧：长椭圆形，暗褐色，长 15.7~16.6 mm，丝质，半透明，上有黑色毒毛。头部、胸部、头腹面、翅呈棕褐色（图 5-11）。

图 5-11 棕斑澳黄毒蛾幼虫（左、中）和成虫（右）形态

【生活史及习性】在海南 1 年发生 6 代，完成一个世代 39~45 天。以老熟幼虫结茧越冬。成虫一般在夜间羽化，具有趋光性。产卵于叶片背面，聚生成块，上附着黄色绒毛。初孵幼虫附于叶片背面，2 龄幼虫渐分散活动，喜食嫩叶，造成叶面缺刻，老熟幼虫在叶片背面或林间杂草中结茧化蛹。

【防治方法】①物理防治：人工捕杀幼虫、蛹和卵块。②药剂防治：幼虫为害期使用 20% 甲氰菊酯乳油 2000~3000 倍液，或 40% 氰戊菊酯 2000~3000 倍液，或 50% 西维因可湿性粉剂 300~500 倍液进行喷雾。

5.1.11 南洋臀纹粉蚧

【学名】*Planococcus lilacinus*

【中文别名】紫臀纹粉蚧、南洋刺粉蚧

【分类地位】半翅目 Hemiptera 粉蚧科 Pseudococcidae

【危害症状】该虫为检疫性有害生物，主要为害羊蹄甲植物树干、枝条和叶柄等部位，导致取食部位失绿，还能分泌蜜露吸附灰尘诱发煤烟病，影响植株生长。

【形态特征】成虫：雌虫虫体呈宽卵形，体长 1.3 ~2.5 mm，宽 0.8 ~1.8 mm，多呈紫红色或紫褐色，外被有白色蜡粉状分泌物。年轻雌成虫具有由白色蜡块互相靠近组成的蜡块体缘，蜡块约有 36 个。老熟雌成虫头胸部的蜡块彼此分离或呈短棒状（图 5–12）。

图 5–12 南洋臀纹粉蚧的危害状

【生活史及习性】在广东地区，该虫活动期在 4~12 月，越冬期为 1~3 月，成虫和若虫均能越冬；越冬虫态主要在树皮下或与之共生的蚂蚁蚁巢等隐蔽场所。南洋臀纹粉蚧发生的另一个明显特征是该虫可与栖息地各种蚂蚁（如举腹蚁、酸臭蚁、红火蚁等）形成共生关系，不但可栖息在蚁巢内，也可栖息在树干上发生的木蠹蛾丝质虫道内，蚂蚁在取食粉蚧分泌蜜露的同时，为粉蚧提供遮风挡雨的蚁巢，正因为这种共生关系的存在，使得粉蚧栖息环境更加隐蔽，有利于躲避天敌和雨水的侵害，也增加了人工防治的难度。

【防治方法】土壤中施加乐果或亚芬松可取得很好的杀虫效果，石蜡油、倍硫磷、喹硫磷、乐果和伏杀硫磷对此虫的防治效果也较好。

5.1.12 螺旋粉虱

【学名】*Aleurodicus disperses*

【分类地位】半翅目 Hemiptera 粉虱科 Aleurodidae

【危害症状】该虫原产于中美洲和加勒比海地区，2006 年首次发现于海南，属于外来农林业害虫。该虫主要以成虫和若虫群聚于植物叶背危害，通过直接刺吸寄主植物汁液，导致植物叶片褪绿枯萎，进而提前脱落；若虫分泌大量蜡粉和蜜露诱发煤污病，影响寄主植物的光合作用和景观；成虫还可传播黄化病毒。

【形态特征】成虫：翅展为 3.5~4.7 mm，成虫腹部两侧具有蜡粉分泌器，初羽化时不分泌蜡粉，随成虫日龄的增加蜡粉分泌量增多。雌雄个体均具有前翅有翅斑型和前翅无翅斑型两种形态，雄虫腹部末端有 1 对铗状交尾握器。卵：呈长椭圆形，大小约 0.3 mm × 0.1 mm，表面光滑，卵的一端有一起固定作用的柄状物，初产时白色透明，随后逐渐发育变为黄色。若虫：4 个龄期，各龄初蜕皮时均透明无色、扁平状，但随着发育逐渐变为半透明且背面隆起。各龄体形相似，但随发育程度由细长转为椭圆形，体上的蜡粉逐渐增多、蜡丝加长，体背有很多形态各异的蜡孔，分泌絮状蜡粉（图 5-13）。

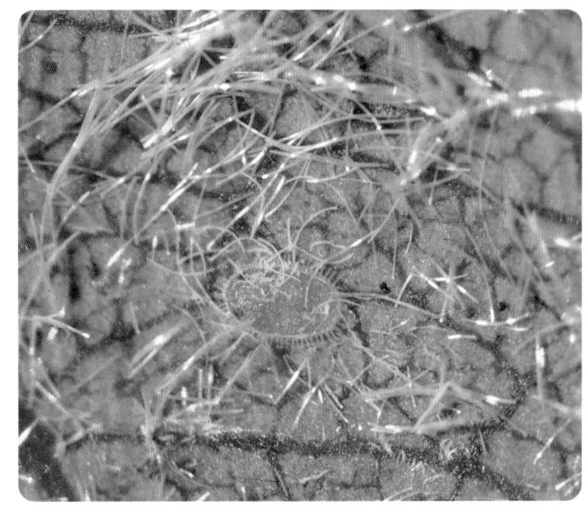

图 5-13 螺旋粉虱的若虫（左）和成虫（右）形态

【生活史及习性】在珠三角地区一年可发生多代，螺旋粉虱可进行孤殖产雄生殖，亦可进行两性生殖；卵多产于寄主植物叶片背面，部分产于叶片正面；16 ℃低温和高温都不利于其繁殖。14 ℃恒温条件下无法完成世代发育。成虫产卵时，边产卵边移动并分泌蜡粉，其移动轨迹多为产卵轨迹，典型的产卵轨迹为螺旋状，该虫亦因此得名。成虫不活跃，活动有明显的规律性，晴天活动多集中在上午，阴天活动少，雨天不活动。

【防治方法】①检疫管理：加强宣传培训，广泛普及螺旋粉虱的识别及检疫监测工作，严防螺旋粉虱随苗木和花卉的调动传入非疫区。②物理防治：设置黄板诱杀成虫。③生物防治：螺旋粉虱的寄生天敌种类多样，其中海地恩蚜小蜂（*Encarsia haitiensis*）、哥德恩蚜小蜂（*Encarsia guadelopupae*）及釉小蜂（*Euderomphale vittata*）对螺旋粉虱具有较好的防治效果。④药剂防治：成虫高峰期使用 40% 毒死蜱・噻嗪酮有机硅乳油 1000 倍液喷雾防治。

5.2 常见病害及防治

羊蹄甲属植物主要病害有炭疽病、白粉病、灰斑病、叶霉病。

5.2.1 炭疽病

【病原菌】胶孢炭疽菌（*Colletotrichum gloeosporioides*）

【分类地位】黑盘孢目 Melanconiales 黑盘孢科 Melanconiaceae

【危害症状】该病能危害所有羊蹄甲植物叶片，对洋紫荆叶片危害最为严重，当叶片受侵染时，叶片上出现暗红色小点，圆形或椭圆形，逐渐扩展后形成较大的椭圆或者不规则坏死病斑，病斑稍凹陷，灰色或淡褐色，边缘深褐色，病健交界处显黄色。叶片背部有不明显的小黑点。后期病斑越来越大，严重时导致叶片干枯，甚至脱落（图 5-14）。

图 5-14 羊蹄甲炭疽病危害状

【病原菌形态特征】病原菌在PDA培养基①上的菌落呈圆形，边缘整齐，气生菌丝发达，白色，毛绒状，后期菌落中央逐渐变为深灰色，菌落背面呈黑色。菌丝有隔，分生孢子无色，单孢，长椭圆形或圆柱形，两端钝圆，大小为 6.8 μm× 2.0 μm。

【发病规律】主要以分生孢子盘、子囊壳、菌丝或分生孢子等形式在病叶或土壤中越冬。越冬后的菌丝和分生孢子盘中产生的分生孢子成为初侵染源。主要以分生孢子随雨水和昆虫传播，分生孢子萌发后芽管先端往往形成附着孢，附着孢形成侵染钉直接穿透植物表皮侵入，芽管也可直接通过气孔、皮孔或伤口入侵。

【防治方法】①合理种植：坚持适地适树的原则，营造混交林、轮作、种植密度合理。②物理防治：冬季或早春要清除病叶、病枝、病果，集中深埋或烧毁，隔断侵染源。③药剂防治：98% 溴菌腈、97% 吡唑醚菌酯和 98.4% 多菌灵对洋紫荆炭疽病菌菌丝生长具有较强的抑制作用，可作为防治洋紫荆炭疽病的化学杀菌剂。

① 指马铃薯葡萄糖琼脂培养基。

5.2.2 白粉病

【病原菌】白粉菌属（*Erysiphe*）

【分类地位】白粉菌目 Erysiphales 白粉菌科 Erysiphaceae

【危害症状】该病原菌为专性寄生菌，只危害羊蹄甲，尚未见危害羊蹄甲属的其他种。主要危害羊蹄甲叶片和叶柄，严重时可危害新发嫩枝。叶片正反面皆可侵染，发病初期叶面出现褪绿小点，随后扩展为不规则形水渍状病斑，当条件适宜时，叶片表面放射状的白色菌丝会不断生长并产生大量白色粉末状的分生孢子，覆盖整个叶片。感病叶片轻者褪绿、黄化、卷曲、皱缩，严重时叶片畸形，质地变硬，失去光泽（图 5-15）。

图 5-15 羊蹄甲白粉病危害状

【病原菌形态特征】病原菌分生孢子呈圆筒形或椭圆形，两端圆，单胞，无色，表面不光滑，大小（32.0~46.0）μm×（13.0~20.0）μm，分生孢子内含明显的纤维状体，纤维状体盘状。

【发病规律】以菌丝体潜伏在病株的叶芽内度过不良环境，遇适宜气候即形成分生孢子，借助风传播侵染新叶。在华南地区 2 月下旬开始发病，一直持续到 6 月，发病时间因温度和降水量的不同会有所变化，一般 3~4 月发病最为严重。湿冷、闷热天气，栽植过密，通风透光不良的环境发病较重；高温季节病害停止发生。

【防治方法】生长季节发病时可喷洒 80% 代森锌可湿性粉剂 500 倍液，或 70% 甲基托布津 1000 倍液，或 20% 粉锈宁乳油 1500 倍液，以及 50% 多菌灵可湿性粉剂 8000 倍液。

5.2.3 灰斑病

【病原菌】羊蹄甲叶点霉（*Phyllosticta bauhiniae*）

【分类地位】壳霉目 Sphaeropsidales 壳霉科 Sphaeropsicaceae

【危害症状】该病危害羊蹄甲属植物叶片，发病初期，叶片上出现黄褐色小斑点，四周组织褪绿，逐渐扩展成圆形或近圆形的病斑，褐黄色，直径 3~16 mm；发病后期，病斑变为灰白色，但斑缘为褐色，两面着生稀疏的小黑点——分生孢子器，少见。病斑相连呈不规则形的大斑，病斑后期易碎裂。病斑周围组织往往变黄，病重时叶片枯黄、脱落。

【病原菌形态特征】分生孢子器成熟后突破表皮外露，近球形，黑褐色，直径 66~150 μm；分生孢子无色，单孢，卵形或近棱形，大小（4.1~9.6）μm×（1.7~3.1）μm。

【发病规律】病原真菌在病落叶及病叶上越冬；分生孢子由风雨及水滴滴溅传播。幼树、生长不良的树易发病；雨后淹水、土壤缺肥、高温高湿等条件都会加重病害发生。该病在华南地区 6~11 月发病，8~9 月多雨高温季节为害严重。

【防治方法】①加强养护管理：雨后及时排水；华南地区应以有机肥为基肥，追肥最好施用 GA 激活剂，大树每株用 0.5~1.0 kg；及时清除病残体落叶。②药剂防治：8~9 月雨多病重时可喷 50% 多菌灵 1000 倍液，或 1% 波尔多液。10~15 天 1 次，连喷 2~3 次。

5.2.4 叶霉病

【病原菌】枝状枝孢（*Cladosporium cladosporioides*）

【分类地位】丝孢目 Hyphomycetales 暗色菌科 Dermateaceae

【危害症状】该病危害羊蹄甲属植物中、下部叶片，发病初期，在受害叶片正面形成近圆形或不规则形、褪绿黄化病斑，病健交界不明显，病斑背面产生稀疏灰白色霉层，逐渐叶背布满浅灰色霉层，叶缘上卷，叶面呈不规则形黄褐色病斑，边缘黄色晕圈明显。

【病原菌形态特征】病原菌在 PDA 培养基上菌落平铺，短绒状，正面深橄榄色，背面墨绿色。分生孢子梗直立或弯曲，淡橄榄色、不分支，具隔膜，顶端为无锯齿状屈曲，大小（27.2~132.9）μm×（2.6~4.9）μm。产孢方式为合轴式延伸。

【发病规律】病原真菌在病落叶及病叶上越冬；翌年温、湿度适宜产生分生孢子，借气流传播侵染叶片。高湿环境适宜病害发生。

【防治方法】①加强养护管理：及时清除病落叶，合理水肥管理，提高树势，减轻发病。②药剂防治：25%咪鲜胺乳油、50%多菌灵可湿性粉剂、50%代森锰锌可湿性粉剂均可有效控制病害的发生发展。

5.3 常见有害植物及防治

羊蹄甲属主要有害寄生植物为广寄生。

5.3.1 广寄生

【学名】*Taxillus chinensis*

【中文别名】桑寄生、桃树寄生、寄生茶

【分类地位】檀香目 Santalales 桑寄生科 Loranthaceae

【危害症状】广寄生在羊蹄甲木质部内生长延伸，分生出许多细小的吸根与羊蹄甲的疏导组织相连，从羊蹄甲植株中吸取养分和水分，随着广寄生的生长，逐步侵占羊蹄甲树冠，影响羊蹄甲的光合作用和正常生长。羊蹄甲被侵害后，生长势逐渐减弱，严重的枝干会萎缩干枯，甚至导致羊蹄甲整株死亡（图 5-16）。

图 5-16　广寄生危害状

【形态特征】灌木，高 0.5~1 m；嫩枝、叶密被锈色星状毛，有时具疏生叠生星状毛，稍后茸毛呈粉状脱落，枝、叶变无毛；小枝灰褐色，具细小皮孔。叶对生或近对生，厚纸质，绿色，卵形至长卵形，顶端圆钝，基部楔形或阔楔形；花褐色，花托椭圆状或卵球形；副萼环状；果椭圆状或近球形，果皮密生小瘤体，具疏毛，成熟果浅黄色，果皮变平滑。花果期几乎全年，盛花期 10~12 月。

【生物学特征】果实成熟时呈鲜艳红褐色，招引雀鸟啄食。种子能忍受鸟体内高温及抵御消化液的作用，不被消化，随鸟粪排出后即黏附于花木枝干上。在适温下吸收清晨露水即萌发长出胚根，先端形成吸盘，然后生出吸根，从伤口、芽眼或幼枝皮层直接钻入。

【防治方法】每年坚持 1~2 次人工清除，全面剪除广寄生植株（从吸根侵入部位往下 30 cm 修剪），并烧毁。清除广寄生后及时监测，一旦发现有新生发芽状态的寄生，及时清除会收到更明显的效果。

参考文献

查道林，2003. 茶蓑蛾的发生与防治［J］. 安徽农业（03）: 27.

陈顺立，李友恭，林邦超，1990. 棉古毒蛾生物学特性与防治的研究［J］. 福建林学院学报（2）: 130-136.

冯皓，宋慧云，祝一鸣，等，2018. 羊蹄甲白粉病的首次报道［J］. 热带农业科学，38（1）:95-97+104.

韩冬银，刘奎，张方平，等，2009. 螺旋粉虱的生物学特性［J］. 昆虫学报，52（3）:281-289.

雷增普，2005. 中国花卉病虫害诊治图谱［M］. 北京：中国城市出版社.

廖永林，吴伟坚，符悦冠，2009. 螺旋粉虱在羊蹄甲上的空间格局［J］. 热带作物学报，30（6）:856-861.

刘晓妹，丁晓帆，杨国庆，等，2013. 红花羊蹄甲新病害叶霉病病原菌鉴定［J］. 中国植保导刊，33（8）: 5-8.

罗莹，徐锡流，2000. 广州几种寄生植物的危害情况及其防治［J］. 广东园林，4: 18-20.

马骏，梁帆，林莉，等，2019. 新发入侵害虫———南洋臀纹粉蚧在广州的发生情况调查［J］. 环境昆虫学报，41（5）:1006-1010.

马骏，林莉，梁帆，2020. 斜纹拟木蠹蛾在广州发生的生物学特征［J］. 环境昆虫学报，42（2）: 493-498.

宋慧云，段志豪，张伟豪，等，2018. 宫粉羊蹄甲炭疽病病原鉴定及其药剂筛选［J］. 南方农业学报，49（10）: 1975-1981.

王文通，周厚高，2003. 广州城区行道树受桑寄生侵害的调查研究［J］. 中国园林，12: 68-70.

王玉新，徐英凯，李兆民，2014. 大造桥虫的生活习性及防治措施［J］. 吉林农业，23: 64.

徐梅，黄蓬英，安榆林，等，2008. 检疫性有害生物——南洋臀纹粉蚧［J］. 植物检疫，22（2）: 100-102.

姚惠明，郭华伟，殷坤山，等，2017. 茶园中几种蓑蛾护囊的识别［J］. 中国茶叶，9: 29.

张连合，2010. 大蓑蛾的鉴别及发生规律研究［J］. 安徽农业科学，38（16）: 8499-8500，9023-9025.

周斌，周国英，杨权，等，2015. 降香黄檀食叶害虫棕斑澳黄毒蛾的生物学特性及幼虫虫龄判断［J］. 昆虫学报，58（11）: 1253-1261.

周孝贵，肖强，2019. 钻在袋子里的茶园害虫——茶蓑蛾和茶褐蓑蛾［J］. 中国茶叶，8: 12.

第 6 章　羊蹄甲属植物文化

羊蹄甲属植物花期长、花色艳丽、叶形奇特、易于种植，深受人们的喜爱，常被植于庭、吟于诗、绘于画，逐渐孕育出丰富深厚的植物文化。

6.1　历史考证

6.1.1　最早出现"紫荆"的文献

羊蹄甲属植物除"羊蹄甲"外，还有另一个常用名"紫荆"。关于"紫荆"名称的出现，文献最早记载见于《南方草木状》(公元 304 年问世)，该书是中国已知最早的地方植物志。书中记载："宁浦（今广西南部的横县西南 3.5 km）有 3 种：金荆可作枕，紫荆堪作床，白荆堪作履。与他处牡荆、蔓荆全异"（嵇含，1982）。然而该书没有图片和形态特征描绘。李惠林在《南方草木状考补》认为，它们是生于华南的羊蹄甲。"认为紫荆是红色或紫色花的"洋紫荆"；白荆是"白花羊蹄甲"；金荆是开黄花的"毛羊蹄甲"（李惠林，1991）。徐详浩在《关于南方草木状植物名称的一些考证和讨论》中认为"紫荆可能包括热带、亚热带数个不同科属的树木，他们既可能是羊蹄甲属植物，也可能是牡荆属（*Vitex*）植物，还可能是紫荆属的其他种类"（李惠林，1991）。《南方草木状》之后，未见其他文献以"紫荆"命名羊蹄甲属植物，也未见重视实用价值的岭南地区记载现存羊蹄甲属植物具有《考补》中所说的功能。另外，羊蹄甲属植物枝干曲折，材质软脆，仅可用作薪柴，未见制作家具，因此笔者更赞成徐详浩的说法，同时根据《说文解字》,"荆"译为"楚木"（许慎，2006）,《广雅疏证》中"荆，棘也"（王念孙，1985）。可见，古代的荆意为在楚地多见的枝条柔韧或带刺的灌木。《南方草木状》中的荆，不是指花，而是枝条，"紫荆"是一种紫色荆条的植物。又《说文》："床，安身之坐者"。在古代，床是供人坐卧的器具。经考，晋朝的床，包括从普通的坐垫到接近现在床的形状的四角卧榻。因此有两种猜测，第一种猜测：文中的宁浦三荆并非同一科属，有藤本也有乔木，床为木质卧榻，推断紫荆是山榄科（Sapotaceae）适做家具的珍贵用材树种紫荆木（*Madhuca pasquieri*），产于广东西南部、广西南部、云南东南部，“宁浦”恰处在分布区中间位置。第二种猜测：三荆只是南方的3种枝条柔韧的灌木或藤本植物，分别可以用作编制枕头、藤榻和草鞋，与羊蹄甲属并无关系。

6.1.2 最早清晰记载羊蹄甲属植物的书籍

最早对羊蹄甲属植物形态特征进行描述的记载，出现在清代吴其濬《植物名实图考》(1848年初创)，该书记录了两种羊蹄甲属植物（图6-1）。卷三十群芳类：“玲甲花，番种也。花如杜鹃，叶作两歧。树高丈余，浓阴茂密，经冬不凋。夷人喜植之。”玲甲一词，与粤语“羊蹄甲”发音相似，此书撰写于1841—1846年，而红花羊蹄甲发现于1880年，确定不是红花羊蹄甲。花形态如杜鹃，叶两裂，高3 m以上，常绿乔木，根据附图的花瓣形态及雌雄蕊共4个，确定玲甲花为羊蹄甲（洋紫荆、红花羊蹄甲的雌、雄蕊共6个），是晚清时期常见的园林树种，可能来自国外。同样记载于该书卷三十八木类“田螺虎树”：“小树生田塍上。叶似金刚叶，上分两叉，土人薪之”。推测为羊蹄甲属藤本植物龙须藤。

图6-1 古书上绘制的羊蹄甲属植物

A. 玲甲花（羊蹄甲）；B. 田螺虎树（龙须藤）

6.1.3 近代植物字记载

《广州植物志》(侯宽昭，1956）记述“羊蹄甲为广州主要的庭园风景树之一；洋紫荆是在广州极常见的栽培观赏植物，尚有一种变种，花白色，即为白花洋紫荆；红花羊蹄甲（香港称洋紫荆）在康乐中山大学（成立于1952年）栽培极多，其他地方不多见；嘉氏羊蹄甲和黄花羊蹄甲只见于康乐中山大学校园；白花羊蹄甲只在康乐中山大学及石牌华南工、农学院有栽培，他处少见。”

6.1.4 各地植物名称交错混称现象

由于地域发展不平衡，文化、交通、信息传播不畅，我国南方各省份、香港、台湾等地形成了各自的羊蹄甲属常用命名系统。又因我国北方的文化树种紫荆（*Cercis chinensis*）的存在，在描绘羊蹄甲属植物的文献资料中，羊蹄甲、宫粉羊蹄甲、紫荆、洋紫荆等名字常交错混称，出现了同物异名或同名异物现象，需要通过分布地、花期、花色和形态特征等推断种类（表 6–1）。

表 6–1 “紫荆”名称相关植物列表

中文正名	学名	常用名	香港地区常用名	台湾地区常用名
羊蹄甲	*Bauhinia purpurea*	羊蹄甲、玲甲花	红花羊蹄甲	洋紫荆
洋紫荆	*Bauhinia variegata*	宫粉紫荆、宫粉羊蹄甲、老白花	宫粉羊蹄甲	羊蹄甲、印度樱花
白花洋紫荆	*Bauhinia variegata* var. *candida*	白花羊蹄甲、白花宫粉、白花紫荆、老白花	白花羊蹄甲	
红花羊蹄甲	*Bauhinia* × *blakeana*	红花羊蹄甲、洋紫荆、红花紫荆、香港紫荆	洋紫荆、紫荆花、香港兰	艳紫荆、香港兰树
紫荆	*Cercis chinensis*	紫荆		
海南紫荆木	*Madhuca hainanensis*	紫荆木、子京		
紫荆木	*Madhuca pasquieri*	滇紫荆木		

6.2 传说与寓意

6.2.1 五羊蹄印的传说

因为叶形似羊蹄，羊蹄甲属植物在广东民间统称为“羊蹄甲”，还有五羊蹄印的传说。广州古时称羊城，传说有仙人乘五羊至广州，而五羊踏过的足迹具有了灵气，长成叶子如羊蹄形状的植物，称为羊蹄甲。作为乡土植物，羊蹄甲成为了岭南地域文化的象征。

6.2.2 由田氏三荆开始的寓意演变

南朝梁文学家吴均在《续齐谐记》中记载了京兆“田氏三荆”的故事：田家三兄弟商量分家，决定将院子中的“紫荆”一分为三，“紫荆”不久后便枯死了。三兄弟感叹“树本同株，闻将分析，所以憔悴，使人不如木也”。于是“紫荆”成为“兄弟和睦”的象征。西晋文学家陆机为此赋诗：“三荆欢同株，四鸟悲异林。”唐代诗人李白感慨道：“田氏仓促骨肉分，青天白日摧紫荆。”经考证，故事中的植物原本指的是北方的灌木紫荆，因羊蹄甲属植物也常用此名，且关于羊蹄甲属的拉丁学名 *Bauhinia* 的来源，刘夙《植物名字的故事》中介绍：“著名植物分类学家林奈为纪念 16 世纪瑞士博物学家 Bauhin 兄弟的贡献，特意选择了羊蹄甲属来使他们的姓氏永垂不朽，因为羊蹄甲那左右两瓣的叶子，恰好合于兄弟怡怡之意。”于是“兄弟和睦”的寓意很自然地成为了羊蹄甲属的寓意，并受到大众的认可。人们逐渐将羊蹄甲属植物视为家人团圆、朋友和睦、国家统一的象征。

6.3 文艺作品

6.3.1 近代文学作品

作家常将羊蹄甲属植物作为一类，通过花期、花色进行比较描述。其中，作家秦牧在《彩蝶树》中将羊蹄甲属乔木称为“紫荆树的家族”。“不知道洋紫荆有几个不同花色种类的人，每每以为它们不断在变幻着颜色，像被称做‘娇容三变’的木芙蓉似的。他们哪里知道，这是紫荆树的家族……从隆冬到暮春，洋紫荆陆续开花，紫色、红色、粉红色，次第开放，要足足闹腾好几个月。”余光中在《春来半岛》中描述了 3 种羊蹄甲属乔木：“娇柔媚人的洋紫荆……香港的市花……从初冬一直开到初春……中大的校区，春来最引人注目……是……‘宫粉羊蹄甲’。此树花开五瓣，嫩蕊纤长，葩作淡玫红色，瓣上可见火赤的纹路……花季盛时……满树的灿锦烂绣……花事焕发长达一月，而雨中清鲜，雾中飘逸，日下则暖熟蒸腾，不可逼视……还有一种宫粉羊蹄甲开的是秀逸皎白的花。其白，艳不可近，纯不可渎……”

羊蹄甲属植物的花如梦如幻、如诗如画。香港作家秦牧在《彩蝶树》描绘羊蹄甲属乔木：“洋紫荆仍不失为南国一种极为出色的鲜花。站在紫荆树下，但见一树繁花，宛如千万彩蝶云集，好像走进了梦幻境界。”台湾作家席慕蓉在散文《羊蹄甲》里这样描述洋紫荆：“花开时，整棵树远看像笼罩着一层粉色的烟雾，总觉得看不清楚……可是，你如果走近了来观察的话，它那一朵一朵细致如兰花的花朵却又完全是另外一种样子……”

近年广州作家史丹妮撰文的《花・时间》将洋紫荆和白花洋紫荆比喻为“南国乡愁”，“宫粉和白花的羊蹄甲花开亭亭，白的粉的烟霞弥漫，映着水看，这个时候的花城，有一种罕见的仙气。东山小洋楼群里的宫粉和白花给红砖老房子添了些花枝摇曳的媚，看得人眼湿湿……街灯昏黄，羊蹄甲花影扶疏，落了一地的粉的白的花瓣，那样湿漉漉的夜，正是南国的乡愁”（沈胜衣，2015）。

6.3.2 其他文艺作品

羊蹄甲属植物在我国南方的栽培历史悠久，奇特艳丽的花朵早已融入人们的日常生活中，深得人们的青睐，如在福州市有歌颂羊蹄甲的歌曲，在普洱市有吟唱洋紫荆的歌谣……各类文艺作品中都可以寻到踪迹。可查阅到的早期绘画作品分别有居廉（1828—1904 年）的紫荆团扇及同期可园主人张崇光（1860—1918 年）的“好鸟枝条图”（图 6–2）。从工笔画清晰的细节表达可以辨认出是洋紫荆，可见早在清朝同治年间羊蹄甲属植物便作为庭园树栽植于广州地区。梁基永在《难画的紫荆》中指出："民国初年广州富豪之家多出现紫荆花题材的窗花装饰"，可见当时羊蹄甲属植物画已经作为一种本土化的标志了（梁基永，2014）。

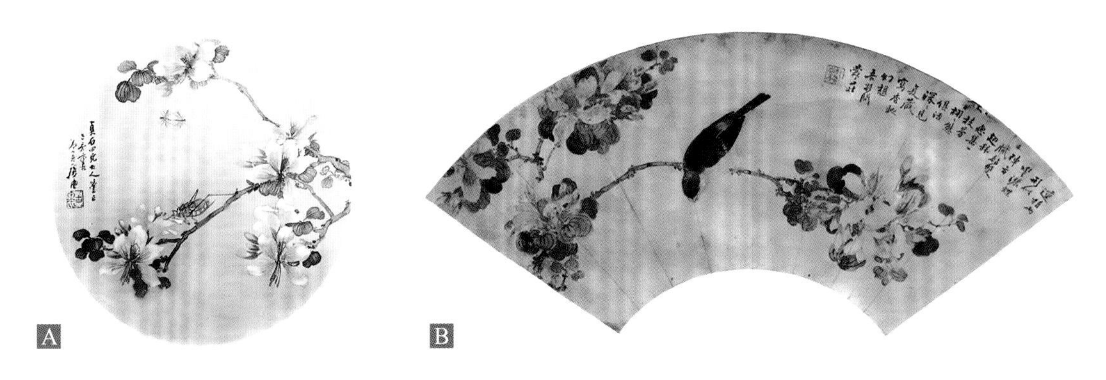

图 6-2　古画中的洋紫荆

A. 居廉：紫荆团扇；B. 张崇光：好鸟枝头图团扇

6.4　古树文化

古树是指树龄达百年或以上的老树，其作为园林中特殊的植物景观，在改善城市环境、调和自然景观、凸显乡土文脉等方面起着重要作用（徐炜，2006）。

羊蹄甲属乔木材质松脆，加之岭南地区气候湿热，多台风侵袭，古树保留较少。2020 年调查显示，广东、广西、湖北分别有本属古树分布，合计 21 株（表 6-2），均为三级古树（树龄为 100~299 年）。古树树种为洋紫荆、红花羊蹄甲、羊蹄甲、龙须藤和鄂羊蹄甲。

表 6-2　羊蹄甲属古树资源

省份	市	地点	树种	数量（株）	古树等级
广东	广州市	番禺区南村镇余荫山房	洋紫荆	2	三级
	珠海市	高新区唐家湾镇栖霞仙馆	洋紫荆	1	三级
	梅州市	梅县区松源头镇绍文学校	红花羊蹄甲	1	三级
	深圳市	罗湖区工人文化宫	红花羊蹄甲	1	三级
	潮州市	饶平县东山镇黎光自然村	龙须藤	1	三级
	湛江市	南三区田头村	红花羊蹄甲	1	三级
	惠州市	博罗县罗浮山	洋紫荆	1	三级
	梅州市	市区乐育中学	羊蹄甲	1	三级

（续）

省份	市	地点	树种	数量（株）	古树等级
广西	贵港市	港南区新塘乡	羊蹄甲	2	三级
	贵港市	港南区新塘乡	红花羊蹄甲	1	三级
	南宁市	青秀区青秀山	红花羊蹄甲	1	三级
	河池市	南丹县城关镇	羊蹄甲	1	三级
	梧州市	万秀区	洋紫荆	3	三级
	柳州市	鱼峰区	洋紫荆	1	三级
	桂林市	阳朔县白沙镇遇龙村	洋紫荆	1	三级
	玉林市	陆川县乌石镇谢鲁村	洋紫荆	1	三级
湖北	恩施州	关礼坪	鄂羊蹄甲	1	三级

6.5 市花文化

为了表达对羊蹄甲属植物的喜爱，全国多个城市将其作为市花，如广东省湛江市、香港特别行政区、台湾嘉义市都以红花羊蹄甲作为市花，广西柳州市则以洋紫荆作为市花。

6.5.1 香港市花

1880 年，红花羊蹄甲在香港岛薄扶林的钢线湾被一名法国神父发现，并被他以插技方式移植至薄扶林道一带的伯大尼修道院。1908 年，当时的植物及林务部总监邓恩 (S.T. Dune) 判定其为新物种，并于《植物学报》（*Journal of Botany*）第 46 卷 324~326 页发表有关资料。其学名的种加词被命名为“Blakeana”，以纪念热爱研究植物的第 12 任香港总督卜力 (Sir Henry Arthur BLAKE) 伉俪。现存于渔农自然护理署香港植物标本室编号 Hong Kong Herb. No.1722 的模式标本，就是最初发现的原树标本（叶晓文，2014）。2004 年，香港大学的 Carol P. Y. Lau, Lawrence Ramsden 及 Richard M. K. Saunders 于美国植物学会的植物学术期刊《American Journal of Botany》中发表研究文章，从红花羊蹄甲的外部、花朵及种子的形态，以及其繁殖能力、基因序列与羊蹄甲和洋紫荆作对比及分析，证实红花羊蹄甲并非独立种，而是羊蹄甲和洋紫荆杂交而成的混种（Mazzini R B et al., 2013）。因其不能自行繁殖，推断世界各地所有的红花羊蹄甲都是 1880 年首次于野外发现（亦是唯一一次于野外发现）植株的复制品。1965 年红花羊蹄甲被选定为香港特别行政区的市花（香港称为洋紫荆），1990 年 4 月 4 日，《香港特别行政区基本法》规定了区旗和区徽图案。区旗是一面中间配有五颗星的动态紫荆花图案的红旗，红旗代表着祖国，紫荆花代表香港，寓意香港是中国不可分离的一部分，在祖国的怀抱中兴旺发达。花蕊上的五颗星象征着香港同胞心中对祖国的热爱之情。1997 年 6 月 30 日，特区旅游圣地——金紫荆广场（the Golden Bauhinia Square）见证了香港恢复行使主权交接仪式，6 m 高的紫荆花雕塑作为香港人民热爱祖国的象征，寓意为国家团结统一。特区的最高荣誉——大紫荆勋章（the Great Bauhinia Medal，GBM），图案为星光托着洋紫荆，洋紫荆代表着香港，一颗星代表着中国（图 6-3）。

图 6-3　香港标识

A. 区徽；B. 区旗；C. 大紫荆勋章

6.5.2　柳州市花

洋紫荆进入广西的最早记录，是中国科学院广西植物研究所标本馆的两份馆藏标本：1934 年 11 月广西大学农学院在梧州就采集到了洋紫荆标本（采集号 121，馆藏号 133101）；1935 年 4 月 25 日梧州苗圃在梧州苗圃采集到了洋紫荆标本（采集号 292，馆藏号 133102）。标本特征显示为小苗，且未记录花果，说明当时梧州苗圃刚开始播种育苗，经专家论证，梧州洋紫荆的来源有可能是广东省。

广西柳州市自 1938 年从梧州引种洋紫荆。现存的最早物证，是中国科学院广西植物研究所标本馆在柳州采集的洋紫荆标本，其为陈立卿 1939 年 3 月 31 日在柳城沙塘高农路边采集到的洋紫荆标本（采集号为 91784 号），其原始记录卡为广西大学森林学系标本记录卡，其记录为路边，栽培，花红色。

1965 年，柳侯公园引种洋紫荆，在柳湖中湖西岸园路（现棋牌路）两旁种植了 20 余株，目前是柳州市胸径较大的洋紫荆之一。1982 年，柳州市 20 多条道路的行道树，均选择了洋紫荆。2012—2016 年，柳州市通过“花园城市”建设，大规模种植洋紫荆，定下了以洋紫荆为主体景观的“花园城市”。截至 2019 年，柳州市区种植洋紫荆 28 万株，是全国洋紫荆种植数量最多的城市（袁茜茜，2020）。

2018 年，柳州市重启对市花、市树的评选工作，在市民投票环节，洋紫荆选票占比达 68%，成为新一届市花，创造了历次市花评选占比率最高的记录。

目前，柳州市种植了洋紫荆的道路达 200 余条，公园（含小游园）达 69 个，重点赏花道路有弯塘路、文惠路、航银路、航一路、水南路等，重点赏花点有柳侯公园、园博园等，形成了“一江抱城山水美卷，紫荆花园人间天堂”的春季景观。围绕这一胜景，柳州市着力于打造“紫荆花城”品牌，推动城市旅游业的发展。

6.6 赏花文化

6.6.1 赏花节

白居易曾道：“逢春不游乐，但恐是痴人。”洋紫荆花期表现优良，是栽培区重要的春季赏花树种，随着种植量的增大，各地逐渐兴起了每年举办赏花庆典的风俗习惯。广州市华南农业大学校园羊蹄甲属乔木超过5000株，主要为红花羊蹄甲和洋紫荆，每年3月开展的“华农紫荆节”，“五湖四海一片林的紫荆校园”已经成为华南农业大学的一张精美名片；肇庆星湖风景名胜区每年举办“紫荆花节”，在七星岩景区，有一条栽种于20世纪60年代，延绵数里的洋紫荆花带，每到3月，紫荆花盛放，这里就会成为一片花海，蔚为壮观，令人流连忘返；柳州市城区有28万株洋紫荆，每年春季盛花期举办紫荆花节、紫荆花文化周等活动，塑造紫荆花文化品牌，打造城市名片；普洱市思茅区六顺镇分布着2万亩洋紫荆，是国内野生连片面积最大的洋紫荆天然林，每年3~4月间，漫山遍野的野生洋紫荆赏心悦目，当地会举办“白花节”，通过赏花、祭花、颂花、采花、食花等方式进行祈福。

6.6.2 云赏花

后疫情时代，为了能让留守民众在家中感受春光，各地媒体纷纷推出“云赏花”平台为民众带来缤纷春色。福州市通过“云赏花”带观众领略工业路“千树万树羊蹄甲，三月四月又飞花”的最美花街，人们通过直播平台感受了羊蹄甲属植物营造出的粉紫色的春日童话。

“云赏花”是近年兴起的赏花方式，作为疫情防控中“智慧一角”，技术的进步让我们在特殊时期有了新的“踏青”方式。

6.7 药食文化

洋紫荆最早在印度被发现，称为“印度樱花”。我国南部也是洋紫荆的分布区。云南省的西双版纳傣族自治州、普洱市等地的热带丛林中分布着大量原生的洋紫荆和白花洋紫荆。在当地作为菜食或药用，当地人将其统称为老白花或玉荷花。“粉红似白身如玉，蝉衣短裙招蝶戏。仙子下凡入宴来，化作佳肴添诗意。秀色可餐菜味美，龙须羹汤靓丽。玉荷花开人欢聚”吟唱的正是好看又好吃的老白花（图6-4）。

图 6-4 洋紫荆饮食文化

洋紫荆还具有药用，《云南思茅中草药选》中写道：“老白花具消炎解毒。治肝炎，肺炎，气管、支气管炎，肺热咳嗽。其树皮具有收敛健胃、消炎解毒。治消化不良、急性胃肠炎。”民间俗语：“春吃一顿老白花，一年四季药不抓。”

参考文献

侯宽昭，1956. 广州植物志［M］. 北京：科学出版社：312-315.

嵇含（清），1982. 南方草木状［M］. 广州：广东人民出版社.
李惠林，1991. 南方草木状考补［M］. 昆明：云南民族出版社.
梁基永，2014. 天下至艳［M］. 广州：花城出版社.
沈胜衣，2015. 港粤才人有多钟爱市花“羊蹄甲”［N］. 南方都市报.
王念孙（清），1985. 广雅疏证［M］. 北京：中华书局.
徐炜，2006. 福州市古树资源的保护和利用［J］. 福建林业科技，33(1):121.
许慎（东汉），2006. 说文解字［M］. 长沙：岳麓书社.
叶晓文，2014. 寻花——香港原生植物手札［M］. 香港：三联书店.
袁茜茜，2020. 浅议柳州市洋紫荆发展历程及前景［J］. 南方农业，14(18):53-54.
Mazzini R B, Pivetta K F L , Romani G D N , et al, 2013.Vegetative propagation of *Bauhinia* × *blakeana*, an ornamental sterile tree［J］. Revista Rvore, 37(2):219-229.

第 7 章　羊蹄甲属植物园林应用

7.1　植物配置

7.1.1　配置原则

7.1.1.1　生态性

生态性是羊蹄甲属植物配置的首要原则。遵循生态的理念和利用生态造景的手法，在适地适树的前提下，通过构建多功能、多结构、多层次的人工植物群落，建立人类、动物、植物相互联系的新秩序（林晶晶，2019）。即配置方案除了从羊蹄甲属植物的本身的生态特点出发，还应充分考虑与其他生物的关系，营造出关系和谐、生态平衡、环境优美的生态空间（图 7–1）。

图 7–1　羊蹄甲属植物营造的生物多样性空间（一）

图 7–1 羊蹄甲属植物营造的生物多样性空间（二）

A. 鹊鸲；B. 雌、雄黄腹花蜜鸟；C. 红耳鹎；D. 树麻雀；E. 蜜蜂；F. 橄蝗；G. 真菌

7.1.1.2 艺术性

艺术性是羊蹄甲属植物配置的重要原则，通过艺术构图原理展现形式美和意境美。形式美是指遵循统一、调和、均匀、韵律等基本美学原则，充分运用植物的形态、姿态、色彩、质感等自然美要素进行构图，结合植物的季相及生命周期的变化营造动态景观。意境美是指充分运用羊蹄甲属植物以及其他造园要素，通过精心安排和布局，配合风、雨、雪等自然现象，进一步融入深刻的文化内涵，营造出“花香、草长、莺飞”的意境，将诗画一般的情感贯穿其中，丰富园林景观的艺术境界。

7.1.1.3 文化性

园林植物景观除了具有郁郁葱葱的生态效果、赏心悦目的艺术效果，还应具备深刻的文化内涵。羊蹄甲属植物配置的文化性原则，是指在植物造景时经过科学设计将人文内涵、象征精神、历史典故等因素融入其中，营造文化氛围，提升景观品味（刘仙，2020）。将羊蹄甲属具有的“岭南乡愁、兄弟和睦、祖国统一”等文化寓意，通过植物配置、景观小品、楹联、诗词、绘画、篆刻、文化景墙等多种形式展现，并与羊蹄甲属的赏花、药用、饮食等文化相结合，打造独树一帜的羊蹄甲属地域文化景观。

7.1.2 配置方式

羊蹄甲属植物配置即运用羊蹄甲属植物与其他植物进行科学配置，或与水体、山石、园桥、建筑等其他园林要素组织景观，充分发挥羊蹄甲属植物自然美、社会美、艺术美、生态美等美学特点，丰富城市园林生态景观，满足公众的审美需求。

7.1.2.1 植物配置形式

羊蹄甲属植物配置形式多样，主要包括孤植、丛植、列植和群植等方式。

（1）孤植。孤植即单株树木栽植的配植方式，可充分体现个体美，展现植株的枝干、花朵和果实，并起到庇荫、视线焦点引导、寄托美好寓意等作用。

孤植的地点可选在空旷的草坪、山坡、墙际、庭院、林缘或者水畔，可在树下设置座椅，供人休憩。其中，红花羊蹄甲冠阔荫浓，枝桠开张略弯垂，终年绿叶婆娑，遮荫效果良好，在庭园中采用孤植形式可展现其新颖独特的树形姿态；洋紫荆开花时，满树繁花似锦，呈现一片春意盎然的景色，作为半落叶树种，还可观季相之美，体会四季变化——春季盛花，而后迅速萌发新叶，夏季可乘绿荫之下，秋季郁郁葱葱（图 7–2）。

图 7–2 羊蹄甲属乔木孤植

A. 洋紫荆；B. 红花羊蹄甲

（2）丛植。丛植是指同种或不同种植物组合成的一个整体结构，形成自然的植物景观效果，主要欣赏组合美、整体美。

羊蹄甲属丛植讲究在色彩、层次、生态达到协调，使得植株之间相互衬托，营造出富有生命气息的植物景观空间。材料的选择上，应综合考虑每种植物的观赏特性、生态习性以及与周边环境相协调等，乔—灌—草植物层次分明，颜色丰富，植物之间高低错落有致，展现生态群落景观。如羊蹄甲属乔木作为主要上层植物，与樟（*Cinnamomum camphora*）、木棉（*Bombax ceiba*）、小叶榄仁（*Terminalia neotaliala*）、白兰（*Michelia* × *alba*）等相配置。灌木层可考虑应用本属的黄花羊蹄甲、嘉氏羊蹄甲、绿花羊蹄甲、孪叶羊蹄甲、鞍叶羊蹄甲等，并配植野牡丹（*Paeonia delavayi*）、苏铁（*Cycas revoluta*）、鹅掌柴（*Schefflera heptaphylla*）等灌木（图 7–3）。

图 7–3　羊蹄甲属灌木丛植

A. 嘉氏羊蹄甲丛植；B. 嘉氏羊蹄甲与其他植物丛植配置

（3）列植。列植是沿着直线或曲线以等距离或一定的变化规律而进行的植物配置方式。一般运用在道路两侧，展现植物整齐、气势之美（邢月，2020）。羊蹄甲属常见的列植树种是羊蹄甲、洋紫荆、白花洋紫荆和红花羊蹄甲这 4 种乔木，其中洋紫荆和白花洋紫荆一般混合列植出现，花期形成白、粉、粉红的渐变花带，或与洋紫荆等不同花期的树种间种列植（图 7–4）。

图 7–4　羊蹄甲属植物列植

A. 梅州市水寨大道洋紫荆与白花洋紫荆混合列植；B. 柳州市党校大院行道树

（4）群植。群植即由多株树木成丛、成群的配植方式，体现群体之美的纯粹与气势（叶铭和，2005）。羊蹄甲属的群植常指利用羊蹄甲属树种，少则几十株，多则几百株，营造“紫荆林”景观（图 7–5）。盛花时节给人一种万树齐花的震撼，伫立林下感受如云似雾的“紫荆雨”。

图 7–5 羊蹄甲属植物群植

运用群植配置羊蹄甲属植物时，可打造纯林，也可将本属不同树种按一定比例混植，还可将本属植物与其他花期相近的植物混植，打造丰富的季相赏花景观。群植一般有以下布置要领：有疏有密，明暗对比；种植灌木，缓和边界；林荫小路，崎岖自然；突出主题，忌讳杂乱（郭雪蓉，2007）。

7.1.2.2 与其他园林要素配置

羊蹄甲属植物与水体、山石、园桥、建筑等其他园林要素进行配置安排，对于体现园林文化、打造景观意境具有重要作用。

（1）与水体配置。各种水体，无论其在园林中是否占主要地位，或成主景、配景或成小景，常需借助植物创造丰富多彩的水体景观，加强水体的美感。羊蹄甲属植物适宜种在排水良好的水岸，为游人提供更亲切的观赏视角。如洋紫荆与红花羊蹄甲的长枝可探入水中映照水底，如花影照镜一般，别有一番风趣（图 7–6）。用藤本修饰驳岸，探向水面的小枝，柔软多姿，自然成趣。

（2）与山石配置。羊蹄甲属藤本、灌木与人工堆叠的假山、景石配置是园林造景的常用手法。羊蹄甲属灌木，如嘉氏羊蹄甲枝条舒展，冠型飘逸潇洒，与假山相配置大大增强整体景观的可赏性；羊蹄甲属藤本，如牛蹄麻、首冠藤等质感古朴，粗犷自然，攀附生长于景石上，可柔化硬质元素，丰富整体景观（图 7–7）。

图 7-6　羊蹄甲属乔木、藤本与水体搭配

A. 洋紫荆和白花洋紫荆；B. 首冠藤

图 7-7　羊蹄甲属藤本与山石搭配

A. 首冠藤；B. 牛蹄麻

（3）与园桥配置。羊蹄甲属植物与园桥相搭配，能美化桥梁景观。选择羊蹄甲属植物与园桥搭配时，因桥梁风格而异。古朴的园桥，周围可选择栽植白花或浅粉的洋紫荆，突出清幽淡雅的中式古典韵味；现代桥梁，则可以选用花色艳丽、质感厚重的红花羊蹄甲或者花色较深的洋紫荆，形成时尚感强烈的对比（图 7-8）。

羊蹄甲属的不同树种具有不同的形态、姿态、色彩和质感，但柔美的叶片形态和花期的满树繁英都给人柔和、梦幻之感，缓冲了桥梁主体与周边的过渡衔接，达到与周边环境相协调的效果。羊蹄甲属的强烈的花感与桥梁共同构成了视觉中心，丰富了园桥景观构图。

图 7–8 羊蹄甲属乔木与园桥配置

（4）与建筑配置。羊蹄甲属植物与建筑搭配，能柔化建筑生硬的棱角，烘托建筑的美观，赋予建筑的蓬勃的生命力（图 7–9）。

选择羊蹄甲属植物与园林建筑搭配时，因建筑风格而异。古朴素雅的中式建筑，周围可选择栽植浅粉色的洋紫荆，形成雅正端庄又清丽秀美的画景；色彩厚重的传统古建筑，可以选用红花羊蹄甲或深色系的洋紫荆，构成强烈的对比色，建筑隐于浓郁的墨绿或粉粉紫紫的花海中，营造出繁花似锦的盛世韵味；传统民居，更适合粉红色的洋紫荆，花开时节，满树繁花，勾勒出桃花源式生机盎然的乡村景象；钢结构的现代建筑，闪着金属的光泽，更衬白花洋紫荆，一片白绿相间，又有花瓣中淡淡的黄色，星星点点缀入其间，为建筑增添空灵而轻盈的质感。

图 7–9　羊蹄甲属乔木与建筑搭配

7.2　应用方式

羊蹄甲属植物常见的园林应用方式有行道树、园路树、园景树、立体绿化、风景林和专类园等。本属植物不同生活型植物各具特色——乔木型常作行道树、园路树、园景树或风景林；灌木型常用作绿篱或景观节点的点缀；藤本类是立体绿化的优质材料。

7.2.1　行道树

行道树是为了引导交通、美化、遮阳、防护和生态等目的，在道路旁栽植的树木。在广州市、柳州市、福州市和深圳市等地的众多街道均可看到羊蹄甲属乔木单一种类或与其他常绿乔木混合列植的行道树景观，奠定了城市的植物景观基调，繁花时节形成景观效果极佳的夹景或树屏（图 7–10）。

在道路栽植时应考虑不同级别道路的交通功能，结合树种的生长特性选择树种。如种植在道路两侧，常需修剪枝下高，以减少对交通的阻碍，又可营造整齐美观的景观效果。种植在道路中间分隔带和退后绿化带则可减少修剪。同时，注意处理好行道树和交通的关系，如在道路尽头或人行横道、车辆转弯处，都不宜配置乔木，减少对视线的妨碍（苏雪痕，2003）。

洋紫荆在落花和落果时节会造成满地落英和种荚枯落；红花羊蹄甲一年多次开花，花瓣落到地上，影响街道的整洁，增加了清扫的难度。建议不要在交通主干道上种植，而是在以景观功能为主的慢行道或支路上，形成“紫荆道”，欣赏满树繁花或满地落英的浪漫景象。

图 7-10　羊蹄甲属行道树

7.2.2　园路树

风景区、公园、植物园等园林中的道路一般称为园路，园路除了集散、组织交通外，主要起到景观、导游的作用，其间的绿化树一般称为园路树。

园路的类型多样，一般曲线流畅，两旁的绿化宜自然多变，不拘一格，游人漫步其上，远近各景可构成一幅连续的动态画卷，具有步移景异的效果。主路的景观大道一般平坦笔直，适宜选择羊蹄甲属乔木列植两侧，形成整齐的气氛，体现花期特色，如采用洋紫荆和白花洋紫荆等不同树种构成有色彩韵律的变化；蜿蜒曲折的园路，不宜排成行，更多以自然式配置为主，错落有致，疏密得当（苏雪痕，2003），可将羊蹄甲属多种生活型的植物配置其间，形成复层混交的人工群落；在路口处可进行对植，起到引导作用，在景观焦点附近可进行丛植点缀，以突出焦点（图 7-11）。

图 7-11　羊蹄甲属园路树

A. 洋紫荆和白花洋紫荆间植；B. 黄花羊蹄甲灌木球

7.2.3 园景树

园景树是园林绿化中应用种类最为繁多、形态最为丰富、景观作用最为显著的骨干树种。羊蹄甲属植物观赏性丰富，可观叶、观花、观果，是优良的园景树。根据羊蹄甲属植物特性运用合理的孤植、丛植等种植手法，充分考虑与其他园林要素（山水地形、植物、建筑、广场与道路、园林小品等）的配置与安排，对于提高羊蹄甲属景观的审美情趣起着至关重要的作用（图 7–12）。

图 7–12 羊蹄甲属园景树

A. 洋紫荆与白花洋紫荆；B. 羊蹄甲

7.2.4 立体绿化

羊蹄甲属藤本树种较多，包括首冠藤、粉叶羊蹄甲、阔裂叶羊蹄甲、锈荚藤、马钱叶羊蹄甲等，光合作用效率高，适应能力强，能够以较快的速度积累生物量向高处攀爬，可应用于墙面绿化、棚架绿化、坡地绿化等作为立体绿化。大部分藤本的新叶和卷须飘逸优美，叶子精美小巧，花色淡雅怡人，观赏性强，蜿蜒婆娑的枝叶可以软化山石、建筑等硬质景观，使整体造景显得动感与雅致（图 7–13）。

图 7–13 羊蹄甲属藤本立体绿化

A. 首冠藤；B. 孪叶羊蹄甲

7.2.5 风景林

风景林是指公园或风景区中，由乔、灌木及草木植物配置而成，具备较高生态价值和观赏价值的树丛、树群组合的树林类型。

羊蹄甲属乔木类常以群植的配置手法形成风景林，花期观赏价值较高，可从不同的距离观赏震撼的花海景观（图 7-14）。风景林提供可进入空间，分枝点不宜太高，游人可从旁边自由穿梭，又能伫足停留近距离感受植物之美，可观、可赏、可闻，体验景观营造的亲切氛围。配置时，还可将不同观花或观叶树种按一定比例混植，打造不同季相的观赏效果，丰富景观的时序变化。

图 7-14 不同视角下的洋紫荆风景林

A. 近观；B. 远观；C. 中观

7.2.6 专类园

羊蹄甲属植物具有乔木、灌木、藤本多种生活型，且四季常绿、花期长、花色丰富艳丽、物候各异，适合作为专类园进行展示，设计时需充分考虑不同花期、花色的搭配，营造一群质感相协调的羊蹄甲属植物群落，如红花羊蹄甲可与嘉氏羊蹄甲或黄花羊蹄甲等进行“乔—灌”搭配，使不同质感的植物形成对比，在空间上达到平衡；也可少量运用其他乔木与羊蹄甲属进行配置，比如与木棉（*Bombax ceiba*）、黄花风铃木（*Handroanthus chrysanthus*）形成春季花景（图 7–15），并与鸡蛋花（*Plumeria rubra* ‘Acutifolia’）、白千层（*Melaleuca cajuputi* subsp. cumingiana）、小叶榄仁（*Terminalia neotaliala*）等进行群落搭配，形成色彩和质感的互补。

图 7–15　广州市大学城紫荆园

7.3 案例赏析

7.3.1 传统园林

7.3.1.1 广州市余荫山房

岭南具有独特的地域文化和自然植被，善于通过植物造景营造具有古典韵味的物境、情境和意境，构成如诗如画的园林景象。

余荫山房作为广东四大名园之一，位于广州市番禺区，全国重点文物保护单位。为清代举人邬彬的私家花园，建成于清代同治十年（公元 1871 年），距今已有 150 年的历史。园区观花植物多采用洋紫荆、鸡蛋花、桂花（*Osmanthus fragrans*）、锦绣杜鹃（*Rhododendron* × *pulchrum*）、紫薇（*Lagerstroemia indica*）等观赏价值较高的植物，营造四季繁花累果、生机盎然的景象，充分体现了岭南古典园林的植物造景手法。

这里保存着 2 棵列入国家三级保护古树名录的洋紫荆古树（图 7-16），据记载树龄与园区几乎同龄。余荫山房内不仅有木雕"三阳开泰"的民俗吉祥图案，又种植酸杨桃、洋紫荆、南洋杉，着意营造"三阳开泰"的植物风水景观，形成浓郁的吉祥气氛（罗汉强，2011）。

图 7-16　广州市余荫山房的 2 株洋紫荆古树

7.3.1.2　广州市南沙天后宫

南沙天后宫位于南沙区大角山东南麓，始建于明朝，前身是天妃庙，清朝乾隆年间复修后定名为元君古庙，1940 年代日本侵华时曾遭破坏，1995 年由香港著名实业家霍英东捐款重建，占地 100 hm^2 天后宫以妈祖文化为主题，并于 2015 年获批国家 AAAA 级景区。天后宫紧临珠江出海口伶仃洋，其建筑依山势层叠而上，殿宇辉煌，楼阁雄伟，集北京故宫的建筑风格与南京中山陵的建筑气势于一体，其规模是现今世界同类建筑之最。宫殿建筑群按照清式倚山营造，对称的布局中高低错落地排列着牌坊、山门、钏鼓楼、碑亭、献殿、灵惠楼、嘉应阁、正殿、寝殿、南岭塔等建筑。整座天后宫周围绿树婆娑，草木葱茏，繁花吐艳，殿中香烟袅袅，置身其间令人顿生超凡脱俗之感。

天后宫在粤港澳台两岸四地具有极大影响力，每逢妈祖诞辰农历三月二十三前后，都会举办"广州南沙妈祖文化旅游节"。妈祖寿诞临近，天后宫中的洋紫荆也到了盛放时节，近千棵沿路种植的紫荆花，白的、粉的竞相盛开。整个景区，美如仙境，吸引众多市民驱车前往祈福、赏花、拍照。天后宫建筑群在紫荆花海的映衬下，更显神圣恢弘（图 7-17）。

图 7-17 广州市南沙天后宫

7.3.1.3 福州市西禅寺

西禅寺位于福州西郊怡山之麓，工业路西边南侧，始建于唐代（公元 867 年），距今已有 1100 多年的历史。西禅寺名列福州五大禅林之一，为全国重点寺庙，占地 7.7 hm^2，寺内有天王殿、大雄宝殿、藏经阁、玉佛楼及客堂、禅堂、方丈室等大小建筑 36 座，廊庑相通、庭院广阔、红梅翠竹、青松古荔环绕期间，十分巍峨壮观。

西禅寺旁的工业路上，整齐的种满了洋紫荆和白花洋紫荆混植的行道树（当地称为羊蹄甲）。洋紫荆生长多年，已形成稳定的行道树景观。每年四月，整条路上的紫荆花如约绽放，一路弥漫着淡淡幽香。白似雪、粉似樱，一树树粉色和白色交错绵延，美不胜收。繁花缤纷之间，西禅寺的飞檐翘角若隐若现，洋紫荆与寺庙构成浑然天成的美景，一眼望去，仿佛穿越到了古代盛世。高耸的寺庙因洋紫荆的盛开增添了禅宗意味，洋紫荆也因西禅寺的存在而增添了文化底蕴。植物和建筑的绝美搭配，彰显了园林艺术和佛地风韵，令人陶醉（图 7-18）。

图 7-18 福州市西禅寺

7.3.1.4 柳州市柳侯公园

柳侯公园位于广西壮族自治区柳州市柳江北岸，国家 AAAA 级景区，占地 15.5 hm^2，是广西壮族自治区唯一一个国家重点公园，它是为纪念唐代大文豪、曾任柳州刺史的柳宗元而建，始建于清代宣统元年（1909 年）。

1965 年，柳侯公园引种洋紫荆，在柳湖中湖西岸园路（现棋牌路）两旁种植了 20 余株，现园中洋紫荆已扩种到 183 株，目前是柳州市树龄较大的洋紫荆树群（袁茜茜，2020）。

园内的洋紫荆采用群植、列植等配置手法。每年 3~4 月，栽植于柳侯祠前的洋紫荆洋洋洒洒，姿态潇然，与红梁粉墙、青砖黛瓦、碑刻阵列相互映衬，一派古色古香，营造出自然唯美的古典园林景观，在如幻的"紫荆"花海中，不禁令人自发追溯千年历史，发思古之幽情（图 7-19）。

图 7-19 柳州市柳侯公园

7.3.2 城市公园绿地

7.3.2.1 佛山市亚洲艺术公园

亚洲艺术公园位于佛山市禅城区文华中路，占地 40 hm^2，水体面积 26.6 hm^2，前身为调蓄湖公园。为纪念第七届亚洲艺术节在佛山召开，改名为亚洲艺术公园，于 2006 年建成并对外开放。公园规划设计了以岭南水乡为突出特征的文脉；以水上森林为突出特征的绿脉；以龙舟竞渡为突出特征的水脉，设计理念突出岭南文化特色，同时通过建筑、雕塑、植物、桥梁等设计要素，营造出一个具有亚洲艺术风采的艺术园地。

亚艺公园栽种约有780棵洋紫荆，西门至南门主园路及水上森林湖岸以洋紫荆为植物主景，每年2~3月，紫荆怒放，满眼粉色花海，壮观迷人，是禅城区最佳洋紫荆观赏点（图7–20）。

图7–20　佛山市亚洲艺术公园

7.3.2.3　广州市儿童公园

广州市儿童公园是广州市市委、市政府倾心打造的13所儿童公园中，唯一的一所市级儿童公园，位于白云新城齐心路板块。公园分区分片安排游乐设施，以“自然生态、科普文化、亲子交流、体验参与”为主题，设置了20多个各具特色的游乐区域。园内栽植了大量的洋紫荆、白花洋紫荆和红花羊蹄甲，秋季、冬季、春季三季有花可赏。

园区的轮滑乐园以红花羊蹄甲为植物主景，每年冬春季节，紫花绽放枝头，掩映在枝叶间，星星点点，引来采集花蜜的黄腹花蜜鸟。雨后的落花铺了一地，比枝头的鲜花更惊艳。万物复苏之际，美丽的花朵就像新的希望，随时等待着迎接孩子们的到来。

2014年，儿童公园公园举办“我爱绿广州”活动，由100户家庭、社会团体、残障儿童亲手种下洋紫荆树苗 120 株，后逐步扩建到 500 株，形成了长约 600 m，总面积约 5000 m^2 的洋紫荆林，是园区内面积最大的生态景观林，也是广州市区内不多见的大型洋紫荆景观林。2~3 月，洋紫荆争相绽放，花色浪漫多彩，一片春意盎然。给孩子们的童年记忆中增添了一份色彩斑斓的春天识记（图 7–21）。

图 7–21　广州市儿童公园

A. 轮滑乐园的红花羊蹄甲；B. 红花羊蹄甲落英；C. 黄腹花蜜鸟；D. 洋紫荆生态景观林

7.3.2.4 柳州市人民广场

柳州市人民广场位于柳州市城中区。在城市主干道中轴线上，占地面积约 6 hm^2，建有音乐喷泉、园林绿地和城市雕塑，是市民晨练、休闲娱乐的重要场所。

广场北部为园林绿地，总面积约 2 hm^2。绿地上大树如荫，灌木造型各异，景石风姿绰约，整个景观富有典型的南方园林特色。广场中的洋紫荆主要与红檵木（*Loropetalum chinense* var. *rubrum*）、黄金榕（*Ficus microcarpa* 'Golden Leaves'）绿篱相结合，姿态潇洒的枝干与整齐的绿篱形成鲜明对比，以洋紫荆作为主体景观，在树冠下设置了休息座椅，为游客提供休憩空间。造景形式既满足了观赏功能，也满足了实用的休憩功能（图 7–22）。

图 7–22 柳州市人民广场

7.3.2.5 柳州市河东公园

河东公园是柳州市新城区的市政广场和中心生态绿地，占地约 12hm^2，其中绿化面积 4.1 hm^2，水体面积 3.4 hm^2。公园功能齐全，景观丰富，是一个集娱乐、健身、观赏为一体的多功能城市休闲广场。

公园种植了大量赏花植物，最惹人注目的要数洋紫荆。每年花期，采用丛植、列植等种植手法，营造出的紫荆花带、滨湖花影等主题景观，吸引了大量游客前来赏花、拍照，感受这春日浪漫。这唯美的场景也吸引了前来写生的人士，而画师们也成为了风景中的靓丽元素，引来游人的驻足，随着画笔的挥动，一起静静享受花期的盛宴（图 7-23）。

图 7-23　柳州市河东公园

A. 河东公园全景；B. 花带形式；C. 岸边列植的洋紫荆；D. 市民们在写生

7.3.2.6 香港市九龙仔公园

九龙仔公园位于香港九龙城延文礼士道，在鸦片战争期间，曾是林则徐督促建造的九龙、官涌炮台所在地，后成为英军营房。市政局辟作公园后，成为九龙半岛的“绿肺”。公园内植以奇花异卉，并畜有珍禽异鸟，其亭台楼榭式的中国古典园林设计，颇得游人称道。

公园于 1964 年 6 月开放予市民使用。公园占地 11.66 hm^2，最具特色的设施是紫荆园。红花羊蹄甲在香港称为洋紫荆，是香港的市树，九龙仔公园的紫荆园种有红花羊蹄甲约 120 株，每至花期，园内清风拂动、繁花照眼（图 7–24），吸引不少爱花人前来欣赏。园区中央，紫荆花环绕的草地广场，还是举办婚礼的首选地。在市花的见证下，家人朋友们一起祈福祝愿祖国的繁荣昌盛，新人的幸福美满。

图 7–24 香港市九龙仔公园

7.3.2.7 广州市麓湖公园

广州市麓湖公园位于白云山风景区南麓，占地面积 250 hm^2，是广州大型山水园林城公园。麓湖公园内的麓湖是广州市内大型人工湖之一，湖面达 20 hm^2。园内有荫生植物棚、荷花池棚、植物引种场、半山植谊亭和山上的五层阁、翠云亭。

作为广州市中心的“世外桃源”，麓湖公园山清水秀、鸟语花香，四时景观各异，以春季最为娇艳。不同形状、不同绿度的树木葱葱郁郁，与粉粉紫紫的洋紫荆混植形成粉黛芳菲的春季风景林景观。湛蓝的天空、粉花烂漫的林相，碧绿的湖面倒映着白云山，构成如诗如画的自然风景，提醒着人们不负春光，不负韶华（图 7–25）。

图 7–25 广州市麓湖公园

7.3.2.8 广东广州海珠国家湿地公园

广东广州海珠国家湿地公园位于广州市中央城区海珠区东南隅，主要包括万亩果园、海珠湖及相关河涌 39 条，总用地面积 869 hm^2，水域面积 377 hm^2，是珠三角河涌湿地、城市内湖湿地与半自然果林镶嵌交混的复合湿地生态系统。海珠湿地水网交织，绿树婆娑，白果飘香，鸢飞鱼跃，积淀了千年果基农业文化精髓，融汇了繁华都市与自然生态美景，独具三角洲城市湖泊与河流湿地特色，是名副其实的广州市“绿心”。

最为海珠湿地增添春色光彩的要数惊艳全城的洋紫荆花带。位于海珠湿地石榴岗河两岸的洋紫 荆花带长达 3.2 km，每年 2~3 月，水岸繁花，蔚为壮观。白色的、粉红色、粉紫色的紫荆花开满枝头。清澈的河水倒映着两岸斗艳的紫荆，清风徐来，满园飞花，视觉盛宴吸引了各地游客前来观赏。紫荆花岸背后是繁华的珠江新城，广州塔成为视觉中心，城市的繁华和紫荆花的浪漫同时入景，为广州城增添了文艺气息，也展示出“美丽广州”的生态建设成效（图 7–26）。

图 7-26　广东广州海珠国家湿地公园

7.3.3　城市道路

叶似羊蹄，花似蝶影——南国的街头总能一睹羊蹄甲属树种葱茏繁茂，花开紫红的美景，展示着城市的良好风貌。下面以广州市、柳州市和福州市为例，感受“紫荆魅影”与城市道路的交相辉映。

7.3.3.1　广州市道路绿化

根据史料记载，晚清时期洋紫荆和羊蹄甲均为广州地区常见的园林树种，是国内最早有记录的栽培地。作为苗木市场集中区，国内大部分的羊蹄甲属园林绿化苗木，初期都来自广州。

近年来，洋紫荆已成为广州“花城建设”的重要观花树种。2015 年起，广州启动花景观计划，种植花树 30 万株，形成 100 多个 赏花点，洋紫荆就是其中的“主题花树”。

洋紫荆行道树最美的是位于越秀区的人民北路和白云区的麓湖路。每年春暖花开之时，长达数公里的花带蔚为壮观，洋溢着浓郁的早春气息。紫色、粉色、白色的花朵簇拥枝头，如烟如雾。洋紫荆打造了具有强烈视觉冲击力的主题花海景观，淋漓尽致地展现了广州的花城魅力（图 7–27）。

图 7–27　广州市洋紫荆行道树景观

A. 人民路；B. 麓湖路

7.3.3.2　福州市道路绿化

每年 4 月初，在福州市工业路、温泉支路和高桥路等多条市区主干道两侧，洋紫荆行道树进入盛花期。不经意间，这些道路变得落英缤纷。其中，最负盛名的是福州工业路两侧的洋紫荆。

在 20 世纪 70~80 年代，工业路开始种植洋紫荆。由于本地树苗不足，当时的树苗主要是从外地引进，一部分来自广州市芳村，一部分来自漳州百花村。3~5 年生洋紫荆苗木，苗期难于辨别树种，引进的树苗中混有羊蹄甲、白花洋紫荆和红花羊蹄甲。道路绿化初期景观效果不佳，至行道树林龄 10 年左右，花期盛景逐渐呈现。到如今，工业路的羊蹄甲属树种的普遍树龄已有 30 余年。正是羊蹄甲属不同树种的混合栽植，市民们才能观赏到工业路上每年多次羊蹄甲属盛放的美景。

工业路的羊蹄甲花街，花开时节，古朴中彰显繁华，成为了福州市地标性景观，原因有三：一是树龄 30 余年的成年树种，能呈现出最佳的观赏效果；二是路旁西禅寺、老福州大学的存在，衬托出文化底蕴；三是持续的复壮、修复和补植措施，令花街绿化充满活力（图 7–28）。

图 7–28　福州市工业路洋紫荆行道树景观

7.3.3.3　柳州市道路绿化

1938 年，柳州市引种洋紫荆。1982 年，文惠路道路改造新植行道树洋紫荆 48 株，成为柳州紫荆花落户城市道路的首发地。1991—2002 年，柳州市改造了三中路、迎宾路、柳石路等 20 余条道路，新植行道树主推洋紫荆、红花羊蹄甲等彩花植物，结合每条道路特有的韵律，突出花期视觉效果的延伸感。2012 年以来，柳州市以“花园城市”为建设目标，在城市重要街道种植洋紫荆，着力打造“紫荆花城”的亮丽名片，让柳州“美景都在路上”。截至 2018 年，市区洋紫荆 27 万株，是全国洋紫荆种植数量最多的城市，紫荆花开动江南，倾城红粉万人朝，洋紫荆作为市花，已然成为了柳州的幸福名片（图 7–29）。

图 7-29 柳州市洋紫荆行道树景观

A. 柳州市三中路；B. 柳州市潭中西路；C. 柳州市弯塘路；D. 柳州市壶东大桥头；E. 柳州市水南路；F. 柳州市学院路

7.3.4 校园

7.3.4.1 中山大学

根据《广州植物志》(侯宽昭，1956)的记述：“红花羊蹄甲在香港和广州分布，在康乐中山大学栽培极多，其他地方不多见。白花羊蹄甲只在康乐中山大学及石牌华南工、农学院有栽培，他处少见。嘉氏羊蹄甲和黄花羊蹄甲只见于康乐中山大学校园。”可见，康乐中山大学，即今中山大学(南校区)是羊蹄甲属的早期引种栽培地。

如今，中山大学(南校区)遍植羊蹄甲属植物，南门大道上是洋紫荆和白千层间植；南门至怀士堂两侧，主要种植红花羊蹄甲；东湖南侧、东南区、文科楼等多植洋紫荆。校园内几乎全年都可以看到羊蹄甲属的花开、花落，透出青春朝气和生生不息，成为了校园内的主色调(图 7-30)。而“紫荆”在中山大学已超出了本属的植物学含义——创立于 1983 年的紫荆诗社、编辑出版的紫荆诗刊、紫荆诗集等都陪伴着学生们的成长，“紫荆”渐渐成为中山大学校园文化中的一种独特符号和一代代师生的共同记忆。

图 7-30 中山大学的羊蹄甲属植物景观

7.3.4.2 华南农业大学

广州市华南农业大学“紫荆花海”“紫荆花节”早已名声在外，“五湖四海一片林的紫荆校园”已经成为华南农业大学的一张精美名片。近 10 年来，校园共增树木 4 万多株，其中羊蹄甲属乔木超过 5000 株，主要为红花羊蹄甲和洋紫荆。

每到 3 月，满园紫荆绽放（图 7–31），最负盛名的是行政楼前的风景林，也是广州市的著名花景。洋紫荆与白花洋紫荆以 5∶1 的方式配置，营造出一片粉白相间的美丽色块，与旁边的红墙绿瓦互相映衬，散发着浓厚的校园文化气息。“紫荆花开遍，华农三月天，燕子声声里，相思又一年”，洋紫荆提升了校园的绿化品质，为师生的科研学习和大学生活创造了优美的环境，成为华农人的精神家园。

图 7–31　华南农业大学的紫荆花海

7.3.5　郊野公园

7.3.5.1　南宁市青秀山风景区

青秀山，又名青山，位于南宁市区往东南约 9 km 处的邕江江畔，由青山岭、凤凰岭等 18 座大小岭组成，总面积 4.07 hm^2。景区兴建于隋唐，因气候宜人、奇山异卉、四季有花，自古就是邕南著名的避暑游览胜地，2014 年 11 月被评为国家 AAAAA 级旅游景区，是“广西十佳景区”之一。

2015 年，青秀山种植了连片 30 亩的洋紫荆，如今已经成为优质的赏花风景林。在春季，青秀山摇身一变，成为了洋紫荆花海。春风徐来，漫山遍野灼灼芳华。粉粉紫紫的洋紫荆为南宁的春天奉上一片独有的绚烂（图 7–32）。

图 7–32　南宁市青秀山风景区洋紫荆风景林

7.3.5.2　肇庆星湖风景名胜区

肇庆星湖风景名胜区荣获“国家级自然保护区”“首批国家重点风景名胜区”“国家级湿地公园”等称号，是历史悠久、名扬中外的风景旅游胜地。

星湖的湖堤接近 20 km 长，在风景游览线上占了重要的位置。景区内种植了大量的洋紫荆、白花洋紫荆和红花羊蹄甲。

星湖西堤作为城区交通要道以及观景游览的路线，既能划分湖面空间，又是联系全湖各景的纽带；既是防洪蓄水的堤坝，又可游园揽胜，丰富湖光风景。1991 年 1 月，西堤的油柑顶至牌坊广场的 429 m 堤段，按“千年一遇”防洪达标设计要求加固维修，并拓宽路面 12 m，铺设花基、人行道等。作为受风地段，沿堤绿化选择了耐修剪、花期长、花朵美的红花羊蹄甲。1993 年，景区召集数十位村民，耗费 600 车塘泥，用时 20 天完成 1300 多棵红花羊蹄甲的种植。如今的星湖西堤已成为连接景区与城区的交通枢纽，现存 1022 株也已生长得愈发高大挺拔，西堤也被评为“中国最美绿道”。上两代人的劳动成果正如这一路的繁花绿树，为游人与市民奉献余荫、呈现美景（图 7–33）。

图 7–33　肇庆市星湖西堤红花羊蹄甲

七星岩景区和水月东堤西堤种植了大量洋紫荆，每到 3 月，这里就会成为一片紫荆花海，蔚为壮观，令人流连忘返。在七星岩出发，从陆路、水路、山路三条观花路线。陆路赏花，从七星岩南门进入，经玉屏花街一路感受微风带着花香扑面而来；水路赏花，到桂苑码头，泛舟湖上；山路赏花，走过七星桥，在水月宫侧的石室岩登山口上山，一直到山顶的揽月亭，从山顶俯视，湖边数里粉黛一览无遗，江山与繁花皆在眼底，心旷神怡（图 7–34）。

图 7-34　肇庆市七星岩景区洋紫荆

参考文献

郭雪蓉，2007. 现代植物园景观的营造法则研究［D］. 昆明：昆明理工大学 .

刘仙，2020. 节约型生态园林景观设计与植物配置方法探讨［J］. 现代园艺 , 43(22):88–90.

苏雪痕，2003. 植物造景［M］. 北京 : 中国林业出版社 .

邢月，2020. 植物造景的形态美学［J］. 美术文献 , 6:112–113.

叶铭和，2005. 广州现代园林植物造景现状及发展研究［D］. 长沙：中南林学院 .

第 8 章　羊蹄甲属植物开发利用与展望

8.1 存在的主要问题

我国拥有丰富的羊蹄甲属植物资源，但当前对其开发利用尚未得到足够的重视，未将资源优势充分转换为科研优势和产业优势。具体表现如下：

8.1.1 资源收集不够深入

收集自然界中羊蹄甲属植物单株，开展针对性的引种栽培工作是实现羊蹄甲属植物资源利用的有效途径。西双版纳热带植物园、华南植物园、广东省林业科学研究院、广州市林业和园林科学研究院、华南农业大学等单位相继开展羊蹄甲属植物种质资源收集工作，但无论从规模上还是收集数量上，与我国羊蹄甲属植物资源规模程度差距较大。

8.1.2 引种培育研究不足

当前对羊蹄甲属植物引种栽培技术研究较少，研究对象也仅局限于羊蹄甲、洋紫荆、白花洋紫荆、红花羊蹄甲、嘉氏羊蹄甲、黄花羊蹄甲、首冠藤等少数几个种类，完善的引种栽培技术体系尚未建立，使国内羊蹄甲属植物的培育缺少标准化、专业化和规范化生产的能力，制约了羊蹄甲属产业化的发展程度。

目前，引种培育大多采取针对自然资源扩繁的模式，缺少对植物生物学特性的深入研究，在实际引种栽培过程中，由于缺乏相关研究，导致羊蹄甲属植物同一种类因栽培措施及栽培环境不同，可能产生的形态差异，影响了其园林景观效果的展现。

8.1.3 新品种培育创新性不足

我国南方部分地区利用羊蹄甲属植物作为绿化及园林植物已有 200 多年历史，种植面积颇具规模，但大部分栽培种仅仅是对野生植物资源直接挖取，进行快速扩繁后，随即推广利用（徐忠，2006）。这一过程中栽培种的抗逆性未得到充分的验证，面对病虫害和极端气候变化存在安全隐患；另一方面也导致了新品种创新性不足。多年以来，未见新品种发布。

8.2 开发利用前景

羊蹄甲属植物具有较高的观赏价值和药用价值，具有极大的发展潜力和广阔的市场前景。

8.2.1 园林应用

羊蹄甲属植物生长快速、抗性强，生活型多样、花期长、花量大、花色丰富，是优良的园林绿化树种。

（1）羊蹄甲属的乔木树种枝条扩展而弯垂，枝叶婆娑，叶大而奇异，冠阔荫浓。不同种全年接连绽放，花色各异、姹紫嫣红、满树缤纷、灿烂夺目。适宜作为行道树、庭荫树，还可以片植营造风景林。羊蹄甲属植物作为蜜源，可以招蜂引蝶，且在树间常见小鸟栖息活动，有助于营造生态景观。羊蹄甲、洋紫荆、白花洋紫荆、红花羊蹄甲广泛应用，已成为华南地区绿化的骨干树种，呈现出极好的观赏性，应继续推广应用。刀果鞍叶羊蹄甲、白花羊蹄甲、单蕊羊蹄甲是花、果观赏价值俱佳的小乔木，是优良的园景树材料（杨之彦，2012），可在园林中增加应用。

（2）羊蹄甲属的灌木树种株形紧凑、枝柔秀美、叶绿清秀、叶形奇特、花色灿烂，既可地栽又可盆栽。适于假山石旁、庭院角隅、门庭两旁、花坛上配植，或园林中大片群植于树丛周围或山坡林缘，做低矮花卉的背景材料，也可用作高速公路边坡的绿化带、隔离带，还可用作居住区、公园、风景游览区的花篱，是优秀的花灌木和绿篱材料。

（3）羊蹄甲属的木质藤本新叶和卷须飘逸优美，叶子精美小巧，花色淡雅怡人，耐干旱瘠薄，攀缘能力强，生长势较旺，管理粗放，应用于城市园林绿化中具有较好的生长优势。适用于垂直绿化、构架绿化、立交桥绿化、阳台绿化、陡坡绿化、覆盖地面绿化、盆景素材和屋顶绿化等。

羊蹄甲属植物各具观赏特色，未来园林绿化应用中可尝试不同搭配组合，充分发挥其景观营造功能，运用孤植、列植、丛植、群植等手法合理配置羊蹄甲属不同类型植物、遵循植物造景的原则，将属内不同植物的树形、花色姿态特点展现出来，丰富景观效果。

园林设计重视景观的文化价值，羊蹄甲属植物在我国南方地区栽培历史悠久，在漫长的时期中被赋予了丰富的文化内涵，具有“兄弟和睦、幸福长久、繁荣兴盛、祖国统一”等美好寓意，可发掘其文化、人文价值，为景观打造注入文化美感，注重对羊蹄甲属进行文化溯源，将其打造成岭南文化的载体或文化符号呈现在大众面前。

随着生态优先观念深入人心，园林绿化强调适地适树，多种羊蹄甲属植物属于我国南方地区乡土植物，环境适应性具有天然优势，后期管护成本较低，未来可进一步发挥其地域优势，通过聚合性状筛选和抗性研究，培育出花色新、抗性强的优良品种，在园林绿化中推广应用。

8.2.2 药用保健

亚洲、非洲、南美洲地区普遍将羊蹄甲属植物作为一种民间药材使用。我国传统中医学认为，羊蹄甲属植物具有补肝肾、益肺阴、散瘀消肿、收敛固涩、解毒除湿的作用，主治咳嗽、吐血、便血、遗尿、尿频、痢疾、湿疹、疮疖肿痛等。在非洲、南美洲等地区，羊蹄甲属植物被广泛用于治疗腹泻以及风湿病和糖尿病等疾病。现代医学研究通过对其有效成分进行分析，也进一步论证了其药用价值。例如，羊蹄甲属植物有效成分之一为黄酮类化合物，该化合物是一类重要的天然有机化合物，它能清除生物体内的自由基，具有抗氧化作用（李楠，2005），并具有多种药用功效，包括抗脑缺血、抗肿瘤、镇痛、预防心脑血管疾病等（叶雪芳，2009）。未来可充分利用羊蹄甲属植物的药用价值，传承、挖掘羊蹄甲属植物在我国传统中医学中的应用，并结合现代科学技术手段加强对其药用机理、有效成分的研究，让其在现代医学中焕发新的活力。另一方面，随着生活水平的提高，人民群众对于保健产品需求不断提升，可根据羊蹄甲属植物药用功效，深入开展其在健康领域的应用研究，如开发抗氧化、抗衰老、改善心脑血管等功效的保健品。

8.3 保护与开发利用建议

8.3.1 野生资源调查与保护

我国羊蹄甲属植物较多，蕴含着丰富的遗传资源，是开展羊蹄甲属植物研究应用的物质基础。未来应进一步加强对我国羊蹄甲属植物野生资源的保护，并开展广泛的羊蹄甲属植物调查研究和种质资源收集，摸清种质资源分布情况，并妥善保存珍贵种质资源。在羊蹄甲属野生资源分布密集的区域，应建立资源保护和合理利用有效机制，加大资源巡护和违法行为惩处力度，通过科普宣传提高当地居民保护羊蹄甲属植物资源的意识。

8.3.2 引种驯化和新品种培育

引种、驯化野生羊蹄甲属植物，实现人工栽培、繁育是保护其种质资源最直接和最有效的手段。要加大对羊蹄甲属植物野生资源引种、驯化和栽培技术研究，增加对羊蹄甲属植物生态生物学特征的研究。通过对其生境特点、生长特征、生态习性、物候期及物理抗性等生态生物学特征的研究，为其引种、栽培及在园林绿化中的应用提供理论依据。

加大羊蹄甲属植物资源收集力度，建立羊蹄甲属种质资源圃，保护优秀的种质资源。同时，应加大优良品种培育创新力度，在收集、筛选优秀种质资源基础上，充分利用现代分子生物学技术、多组学联合分析与传统杂交育种技术相结合的技术手段，积极开展羊蹄甲属植物优良品种选育工作，培育可满足不同功能需求的新型优良品种。

8.3.3 提高综合开发水平

羊蹄甲属植物是一种极具观赏价值的园林植物，随着对该属植物研究不断深入，未来对于羊蹄甲属植物的开发利用将不仅仅局限于园林绿化功能，而应进一步探索其在医学、药用、食用、饲料及其他方面的利用价值，包括挖掘羊蹄甲属植物在传统医学中的作用，运用现代科学技术论证其药用功效；我国云南等地有食用洋紫荆的习俗，但关于其营养价值的研究较少。未来应以羊蹄甲属植物为材料，开展一系列综合利用研究，充分发挥其多种功能，满足人民群众的不同需求。

参考文献

陈斌，2016. 龙须藤栽培及园林应用［J］. 中国花卉园艺，2:51.

陈勇，唐昌亮，吴忠锋，等，2016. 洋紫荆资源培育及其应用［J］. 中国城市林业，14(6) : 43−46.

李楠，刘元，侯滨滨，2005. 黄酮类化合物的功能特性［J］. 食品研究与开发，26(6): 139−140.

徐忠，2006. 从景观和科学的角度探讨景观树种引种工作——以上海辰山植物园为例［J］. 安徽农业科学，34(24):6488−6489.

杨之彦，2012. 广东羊蹄甲属木本花卉资源及园林应用研究［D］. 广州：华南农业大学.

叶雪芳，2009. 植物黄酮类化合物的生物学功能及其在动物生产上的应用研究［A］.

Institute of Subtropical Agriculture, Chinese Academy of Sciences. Process in Functional Amino Acids and Carbohydrates for Animal Production—Proceedings of 4~(th) International Symposium on Animal Nutrition,Health and Feed Additive［C］.Institute of Subtropical Agriculture,Chinese Academy of Sciences: 湖南省动物营养与生态环境学会，8.

后　记

2012年起，笔者陆续承担了广东省省级科技计划项目（2015A020209032）、广东省林业科技创新专项资金项目（2013KJCX005-01）、广东省林业科技创新项目（2015KJCX015）和广州市科技计划项目（201904010397），感谢广东省科技厅、广东省林业局、广州市科学技术局、天河区科技工业和信息化局、广东省林业科学研究院让笔者有机会较为深入、系统地开展了羊蹄甲属植物的资源收集和选育研究。

2014年，在张方秋研究员的建议下，笔者开始了本书的筹划工作。2016年，广州市开展了“宫粉紫荆之城”建设，也带动了珠三角及周边地区对洋紫荆为主的羊蹄甲属植物的应用。在此契机下，笔者于2017年开始了对本属园林植物常见种类、历史文化和培育利用资料的收集整理工作，并于2020年年底完成本书初稿。

为了能给读者呈现出一本科学、准确、系统、详实、美观的科普读物，在本书的策划和资料收集的过程中，邢福武研究员、张莫湘研究员、张方秋研究员、蔡如教授、张谦研究员、陈红锋研究员、代色平研究员、林广思教授等提供了专业的意见和建议。

书稿在修改过程中，针对不同章节的专业内容，邀请了多位专家进行审核、指导。周仁超副教授、冯志坚副教授、秦新生副教授、罗开文高级工程师、冯欣欣高级工程师对本书第一章绪论及第二章植物介绍进行了审核；陈月华副教授、韦如萍研究员、吴福川高级实验师、陈勇副研究员对本书第三章植物选育提出了修改建议；朱报著正高级工程师、连辉明正高级工程师对本书的第四章栽培管理进行了指导、资料补充和审核；赵丹阳研究员、邱龙华副研究员、杜志坚工程师对本书第五章有害生物防治技术进行了修改和图片补充；陈月华副教授、周围副教授重点对本书第六章植物文化、第七章园林应用进行了指导和修改；殷祚云研究员、杜志坚工程师，对本书第八章开发利用与展望提出了指导建议。

同时，广州市林业和园林局、柳州市林业和园林局、佛山市绿化委员会办公室、梅州市五华县林业局、南雄市林业科学研究所、广东广州海珠国家湿地公园、广州市余荫山房、广州市南沙天后宫、佛山市亚洲艺术公园、广州市儿童公园、中山大学、华南农业大学、南宁市青秀山风景区、肇庆星湖风景名胜区等单位提供了宝贵的资料，并审核了相关介绍。

文中引用和参考了其他作者的文献资料。在此一并表示诚挚的感谢。

著者

2021 年 2 月